JAPANISCHE SCHMIEDEKUNST

Werkzeuge
Messer
Schwerter

WIELAND

Rudolf Dick

Japanische Schmiedekunst

1. Auflage, 2018

ISBN 978-3-938711-80-4

Telefon 08061/38998-0, Fax 08061/38998-20
Internet: www.wieland-verlag.com
E-Mail: info@wieland-verlag.com

Fotos:
Roland Bauer: 27 unten, 28 oben links, 56, 58, 59, 60 unten, 64, 65, 71, 72, 73, 74 oben rechts/links, 75, 93 oben, 137, 140, 141, 142 oben, 144, 146
Mutsuhiro Kato: 60 oben
Uwe Grabowski: 102, 103
Gassan Sadatoshi: 111, 115
Thomas Petersmeier (Gefügebilder): 123 oben links, 132, 133
alle anderen Fotos: Rudolf Dick

Umschlaggestaltung und Layout: Caroline Wydeau

Druck: Print Consult

Printed in EU

Ich widme dieses Buch
meiner Frau Angelika, die mit
mir die Liebe zu Japan und seinen
herzlichen Bewohnern teilt.

INHALT

Hinweise zur Schreibweise:

Da die Übertragung aus dem Japanischen nur durch eine lautschriftliche Umschreibung der Originalausdrücke möglich ist, können die Schreibweisen von Namen und Bezeichnungen je nach Quelle uneinheitlich sein.

Aus Gründen der besseren Lesbarkeit wird die traditionelle Schreibweise ohne „Binnen-I" beibehalten, also beispielsweise Schmiede statt SchmiedInnen (obwohl es diese selbstverständlich auch in Japan gibt).

ÜBER DEN AUTOR

Dr. Ing. Rudolf Dick, Jahrgang 1956, studierte an der TU München Maschinenbau und promovierte im Fachbereich Umformtechnik. Als langjähriger Geschäftsführer der Dick GmbH, Feine Werkzeuge, hatte er seit jeher großes Interesse am kreativen Zusammenwirken von Werkzeug, Mensch und Material. Der Grundstock wurde wohl schon durch die Kinderstube in der Werkstatt seines Vaters gelegt, der einen kleinen Betrieb für die Herstellung von Musikinstrumentenbedarf führte. Endgültig übergesprungen ist der Funke bei einem Praktikum in der Werkzeugmacherei der ehemaligen Deggendorfer Werft, wo unter Anleitung eines Meisters vom „Alten Schlage" geschmiedet und geschärft wurde.

Nach einer mehrjährigen Tätigkeit in der technischen Unternehmensberatung trat er Anfang der 1990er Jahre in den elterlichen Betrieb ein, den er zusammen mit seinem Bruder Heinrich zu einem der weltweit führenden Anbieter hochwertiger Handwerkzeuge weiterentwickelte (heute „dictum"). Vor allem im Kontakt mit den Werkzeugschmieden und Handwerkern Japans reifte das Bewusstsein, dass ein Schneidwerkzeug mehr sein kann als ein nur der Funktion gehorchendes, mechanisches Gerät. Stecheisen, Hobel, Schnitzbeitel oder Messer haben, wenn sie individuell gefertigt und benutzt werden, eine Seele, davon ist Rudolf Dick überzeugt. Seit seinem Ausscheiden aus dem aktiven Geschäftsleben und der Firma im Jahre 2007 ist dieses Werk das vierte Fachbuch, in dem sich der Autor dem Themenkreis „Handwerk und Werkzeug" widmet.

Der Autor im Kreis der „Schmiedefamilie" Hinoura.

DANKSAGUNG

Die Inhalte des vorliegenden Buchs beruhen auf den praktischen Erfahrungen einer Vielzahl japanischer Schmiede, die ihre Werkstätten für mich geöffnet und ihr über Jahrzehnte angeeignetes Wissen bereitwillig mit mir geteilt haben. In diesem Zusammenhang gebührt mein besonderer Dank: Makato Aida, Sadatoshi und Sadanobu Gassan, Haruo Hasegawa, Tsukasa und Mutsumi Hinoura, Shigeyoshi Iwasaki, Tokifusa und Yoshihide Iizuka, Tetsuo Kuribayahi, Hisao und Hirofumi Mizuno, Ryouchi Mizuochi, Mitsuo Nagao, Katsayuki Sekiyama, Motoyuki Tamagawa, Hiroyuki Tanaka, Akio und Michio Tasai, Osamu Tomita, Koichi Tsurumaki, Dr. Koshi und Noboru Yamamura. Über die vorgestellten Betriebe hinaus haben zahlreiche weitere, hier nicht genannte Handwerker und Werkzeugexperten zu diesem Wissenspool beigetragen. Ihnen allen danke ich von Herzen für ihre Gastfreundschaft und Großzügigkeit.

Die Werkstattbesuche wären nicht möglich gewesen ohne die weit über das geschäftliche Interesse hinausgehende logistische, sprachliche und fachliche Unterstützung durch die Firmen Kakuri Co., vertreten durch Mutsuhiro und Katsuhiro Kato, und Gyokucho Co., vertreten durch Akihiro Tomosada und Hiroshi Onishi. Dass sie trotz starker zeitlicher Beanspruchung meinem Projekt so viel Aufmerksamkeit schenkten und Türen für mich geöffnet haben, dafür bin ich zu großem Dank verpflichtet. Nicht nur sprachliche, sondern auch kulturelle Brücken haben Shinako Tomosada und Yuka Komatsu von der Firma Gyokucho Co., sowie als Übersetzerin Shoko Fujita geschlagen und damit einen wichtigen Beitrag zum Gelingen dieses Werks geleistet.

Dr. Rudolf Dick

VORWORT

Erst ein Jahrtausend später als in der westlichen Welt gelangte die Kunst der Gewinnung und Verarbeitung von Eisen über das asiatische Festland nach Japan. Umso überraschender ist es, dass sich in der Folge binnen weniger Jahrhunderte auf den Inseln des japanischen Archipels eine Hochkultur des Schmiedehandwerks entwickelte, die uns bis heute in Erstaunen versetzt. Sie erreichte in der *Kamakura*-Periode (13. Jahrhundert) ihren Höhepunkt, als sogar der *Tenno Go-Toba* – nach der japanischen Mythologie ein Nachkomme der Sonnengöttin – beim Schmieden der Samuraischwerter mitwirkte. Er befreite damit dieses Handwerk aus seinem profanen Status und erhob es in quasi göttliche Sphären.

Nicht weniger erstaunlich ist, dass sich die Kunst des Klingenschmiedens, seien es Messer oder andere Schneidwerkzeuge, bis in die Jetztzeit auf einem sehr hohen Niveau gehalten hat. Während ähnliche Produkte in der westlichen Welt und China heute fast ausschließlich industriell gefertigt werden, dominieren in Japan immer noch kleine, familiengeführte Handwerksbetriebe. Sie pflegen nicht nur die traditionellen Methoden der Formgebung und Stahlveredelung, sondern zeichnen sich auch durch eine hohe Identifikation mit ihren Produkten aus. Das drückt sich nicht zuletzt dadurch aus, dass jedes einzelne mit dem Herkunftsnachweis und oft auch mit dem Namen des Schmieds signiert wird.

Die überwiegend in Handarbeit hergestellten Erzeugnisse belegen, dass technischer Aufwand nicht immer mit Qualität gleichzusetzen ist. Vielmehr entstehen in den Werkstätten mit der geringsten Mechanisierung oft die edelsten Geräte. Bemerkenswert an den japanischen Schmieden sind jedoch nicht nur ihre „primitiven“ Fertigungsmethoden, sondern auch ihre unzeitgemäße Arbeitsethik. Hier steht statt der Gewinnmaximierung das Wohl des Kunden im Fokus. Ziel ist nicht, das Produkt so gut wie nötig, sondern so gut wie möglich zu machen.

Für den fachlich Interessierten liefert der Blick in die Werkstätten und über die Schulter der Meister technisches Know-how. Darüber hinaus jedoch eröffnet er den Zugang zu einem manchmal fremdartigen, doch immer faszinierenden Kulturkreis.

Wie kam es zu diesem Buch? Dass Handwerker für Außenstehende die Türen zu ihren Werkstätten öffnen und ihr über Generationen bewahrtes Wissen preisgeben, ist alles andere als selbstverständlich. Doch als Ingenieur ist man naturgemäß ein neugieriger Mensch. Und so war es mir in den frühen 1980er Jahren, als wir mit unserem Handelsunternehmen anfingen, japanisches Werkzeug nach Deutschland zu importieren, ein Anliegen, nicht nur dessen Funktion, sondern auch die zugrunde liegenden Herstellungsprozesse zu verstehen.

Zugleich erschlossen sich mit dem Kennenlernen der Schmiede und ihrer Techniken auch die inneren Werte der Werkzeuge. Nur durch dieses Verständnis war es möglich, auch den Kunden die qualitativen Unterschiede zwischen handgefertigten und industriell hergestellten Schmiedeerzeugnissen und die damit verbundenen Preisdifferenzen verständlich zu machen. Bei meinen regelmäßigen Besuchen gehörten über mehr als 20 Jahre hinweg die Vorführungen der Sägen-, Messer-, Stemm- oder Hobeleisenschmiede zu den spannendsten Programmpunkten.

Wenn man das eine oder andere als Hobby- oder Profischmied selbst umsetzen will, verkürzt eine technische Dokumentation mit Tipps und Tricks den Weg der Irrungen erheblich. Erst der zeitliche Freiraum nach Ausscheiden aus dem aktiven Wirtschaftsleben ermöglichte es mir, die über viele Jahre gesammelten Erkenntnisse über das japanische Schmiedehandwerk in einem Buch zu konzentrieren. Es möge über die technische Wissensvermittlung hinaus zum Verständnis einer hoffentlich nicht aussterbenden Handwerkskultur beitragen.

Parade der Hammerköpfe von 150 bis 675 Gramm.

Der Hammer *(genno)*

Was zeichnet einen guten Hammer aus? Im Wesentlichen zwei Dinge: Er muss eine gute Balance haben und darf nicht prellen. Denn nichts ist ermüdender als die bei jedem Schlag in das Handgelenk zurückgeworfene Energie.

Der eiserne Hammer, das wohl am weitesten verbreitete Handwerkzeug überhaupt, hat in Japan traditionell einen noch größeren Stellenwert als in der westlichen Welt. Denn dort wird er auch in der Zimmerei, Schreinerei oder Bildhauerei sehr häufig eingesetzt, etwa zum Treiben der Stecheisen. Entsprechend weit verbreitet waren landesweit die Schmieden, die sich auf die Produktion von Hämmern spezialisiert hatten.

Heute gibt es davon in ganz Japan nur noch eine Handvoll. Billigimporte und industrielle Massenprodukte, die sich äußerlich kaum, in den inneren Qualitäten aber sehr wohl vom authentischen japanischen *genno* unterscheiden, haben den Berufsstand nahezu aussterben lassen. Einer der wenigen noch aktiven Spezialbetriebe ist die in der Nähe von Miki angesiedelte Firma Aisho. Noch vor einer Generation waren hier 13 Schmiede zugange, heute arbeitet der im Jahre 1944 geborene Inhaber Makato Aida nur noch allein.

Der traditionell von den japanischen Schmieden bevorzugte Handhammer verfügt über einen asymmetrischen Kopf mit langer „Nase". Die Bahn ist meist rund, leicht ballig und in ihrer Fläche kleiner als der restliche Kopfquerschnitt. Das verbessert die Schlagwirkung. Die Bahn ist nur wenige Millimeter tief gehärtet, sodass der restliche Körper als dämpfende Masse das Prellen unterdrückt. Der relativ lange Stiel trägt ebenfalls zur Wirksamkeit bei.

Der japanische Schmiedehammer (*kozuchi*).

Charakteristisch für den japanischen Universalhammer ist sein langer Stiel und die schlanke, symmetrische Form des Kopfes. Die beiden Bahnen sind unterschiedlich geformt: Mit der flachen Bahn wird in der Regel geschlagen, die ballige dient hauptsächlich zum bündigen Eintreiben von Nägeln, ohne die Holzoberfläche zu beschädigen.

Alle Hammerköpfe verfügen über einen weichen Kern, um den Rückpralleffekt zu mindern, lediglich die Bahnen sind hart. Das lässt sich entweder durch eine Laminatbauweise erzielen, bei der auf einen Eisenkern beidseits Stahlenden aufgedoppelt werden, oder in einfacherer Version durch selektives Härten eines Kohlenstoffstahls. Letztere Methode wird nachfolgend beschrieben.

Um vom Hammerschmieden leben zu können, ist eine maximale Effizienz in der Fertigung Voraussetzung. Das ist am Arbeitsplatz von Makato Aida in beeindruckender Weise nachvollziehbar. Der gesamte Schmiedeprozess einschließlich des Aufdornens erfolgt in nur einer Hitze am Lufthammer,

KOPFGEOMETRIE

Ein *genno* hat jeweils eine ballige und eine gerade Bahn.

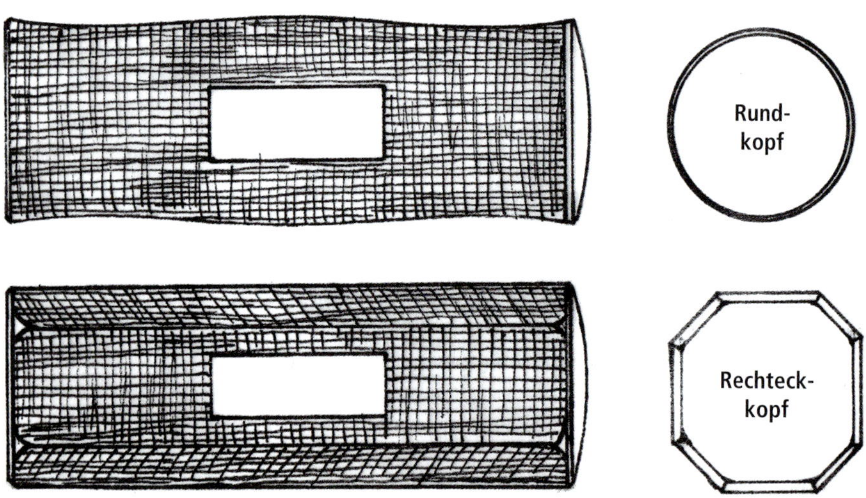

in Taktzeiten von lediglich drei bis fünf Minuten pro Hammerkopf. Dabei kommt kein formgebendes Gesenk zum Einsatz. Lediglich zum Aufdornen werden die Amboss-Sättel wiederholt ausgetauscht.

Auch zum Schmieden von Rechteckkopf-Hämmern geht Makato vom Rundmaterial aus, in diesem Fall dem japanischen Kohlenstoffstahl SK 7 (C 0,7 %, Mn 0,3 %). Die entsprechend dem Nenn-Kopfgewicht plus Abbrand und Schleifverlust abgelängten Rundlinge werden im Gasofen auf Gelbglut, etwa 1000° C, erhitzt. Zuerst werden in senkrechter Position mit leichten Schlägen die Stirnseiten gestaucht, um an den Bahnen eine dichte Gefügestruktur zu erzielen. Dann werden die Seitenflächen durch kräftige Setzschläge geplant, sodass ein annähernd quadratischer Querschnitt mit gerundeten Kanten entsteht. Im nächsten Schritt werden die Kanten zu Fasen von etwa fünf Millimetern Breite geplättet.

Nun folgt mit dem Aufdornen der anspruchsvollste Arbeitsgang. Das Loch wird zuerst mit einem flachen Schlitzmeißel vorgestochen. Zum Ansetzen wurden die Rohlinge mittig von beiden Seiten durch kalt eingeschlagene Kerben markiert. Nach Einsetzen eines Lochsattels wird der konische Meißel bis zum Durchbruch eingetrieben. Zum nun folgenden, passgenauen Aufdornen des Durchbruchs werden aufeinanderfolgend drei Dornmeißel zunehmender Größe und dazu passende Lochsättel eingesetzt.

Die Meißel werden in einem aus zwei Stahllamellen bestehenden Haltewerkzeug, *tagane* genannt, geklemmt. Durch Aufdornen von beiden Seiten entsteht ein zur Mitte hin leicht konisch verlaufendes Loch, das eine verlässliche Einstielung gewährleistet. Vor jedem Ansetzen werden die Aufdornwerkzeuge kurz im Wasser abgekühlt und mit Graphit geschmiert. Vor dem letzten Aufdornen auf Sollmaß wird auch der Kopf kurz im Wasser gekühlt, um ein exaktes Sollmaß zu erzielen.

Die durch das Aufdornen entstehende, seitliche Ausbauchung kann man entweder bestehen lassen oder soweit zurückschmieden, dass die Hammerwangen wieder plan sind. So können auch die Seitenflächen des Hammers für leichte, flächige Klopfaufgaben verwendet werden. Beim seitlichen Stauchen muss unbedingt der Passdorn im Loch verbleiben, um das Loch nicht zu verformen. In dieser freien Technik hergestellte, kalibrierte und

Dank über 50-jähriger Berufsroutine schmiedet Makato Aida einen *genno*-Kopf freiform (ohne formgebende Gesenke) am Lufthammer innerhalb von drei bis fünf Minuten.

exakt fluchtende Rechtecklöcher sind ein untrüglicher Ausweis meisterlichen Könnens.

Der unter die Rekristallisationstemperatur abgekühlte Kopf wird nun nochmals stirnseitig geschmiedet, wobei man durch leichtes Schrägstellen die ballige Form der Bahn bereits vorgeben kann. Nach einer abschließenden Maßkontrolle ist der Schmiedeprozess beendet.

Der Aufwand beim folgenden Schleifen hängt vom Modell ab. Manche Typen werden ganzflächig blank geschliffen, bei anderen belässt man die Schmiedehaut und schleift nur die Bahnen.

Auch für einen Rechteck-Hammerkopf dient als Ausgangsmaterial ein Rundstahl, der in einen quadratischen Querschnitt mit gebrochenen Kanten umgeformt wird.

Das Lochen ist der entscheidende Arbeitsgang. Es wird von beiden Seiten ohne Vorbohrung zuerst mit einem Schlitzdorn und dann mit einem passenden Rechteckdorn aufgedornt. Geführt werden die Dorne mittels einer speziellen Schnellspannpratze (*tagane*).

Auch die Stirnseiten müssen geschmiedet werden, um eine feine Gefügestruktur zu erzielen.

Zum Härten werden die Stirnseiten an der Gasflamme mit einer halbautomatischen Vorrichtung auf 850° C erhitzt.

Für das Härten hat sich Aida-*san* (*san* ist die japanische Höflichkeitsanrede) eine halbautomatische Vorrichtung gebaut, bei der die Hammerköpfe stirnseitig in der Gasflamme auf 850° C erhitzt werden. Sobald die hellrote Glühfarbe eine Tiefe von etwa zehn Millimeter erreicht hat, wird das Werkstück mit einem direkt auf die Bahn gerichteten Wasserstrahl abgeschreckt. Dabei wird der Abschreckvorgang so bemessen, dass beim anschließenden Auslagern im Sandbett die aus dem Kern nachziehende Restwärme einen Anlasseffekt bewirkt.

Mit diesem Trick kann sich ein erfahrener Schmied zwei Vorteile verschaffen: Zum einen erspart er sich das erneute Aufheizen auf Anlasstemperatur, zum anderen stellt sich automatisch der gewünschte Härtegradient ein. Ein Härtewert an den Bahnen von 55 HRC (Rockwell C), bis in 10 mm Tiefe auf 45 HRC abfallend, sind für einen Universalhammer optimal, damit er gut zieht und nicht prellt.

Unter fließendem Wasser werden die glühenden Bahnen nur kurz abgeschreckt. Durch die vom Kern nachziehende Wärme kann sich damit ein erfahrener Schmied das erneute Erhitzen für das Anlassen ersparen.

Härtewerte von HRC 55 an den Bahnen, nach innen abnehmend auf HRC 45, sind optimal. Der fallende Härtegradient ist bei dem längs aufgeschnittenen Hammerkopf an den größer werdenden Härteprüfpunkten ablesbar.

Weitere mögliche Arbeitsschritte sind vorwiegend optischer Natur. So kann man etwa durch Punzieren dem Kopf ein schönes Dekor verleihen oder durch Eingravieren von mythologischen Symbolen den Besitzer vor bösen Geistern schützen.

Das Einstielen ist übrigens nicht Aufgabe des Schmieds. In Japan liegt es traditionell in der Hand eines darauf spezialisierten Handwerkers oder des Benutzers selbst. Meister Aida empfiehlt: Verwenden Sie feinjährige Weißeiche und machen Sie den Stiel so lang wie Ihren Unterarm.

Das Bild zeigt etwa eine Tagesproduktion an Universal-Hammerköpfen.

Auf Wunsch werden die Köpfe mit dem Punziereisen mit einer dekorativen Oberfläche versehen.

Atemberaubende Holzkonstruktionen erfordern exzellentes Werkzeug: Yoshijima-Haus in Takayama.

DAS STEMMEISEN *(NOMI)*

Neben Säge und Hobel gehört das Stemmeisen (*nomi*) zu den wichtigsten Werkzeugen des japanischen Zimmermanns, des *daiku*. Mit ihm fertigt er die kunstvollen Holzkonstruktionen, durch die sich die traditionelle japanische Architektur auszeichnet. Im Vergleich zum europäischen Stecheisen weist das *nomi* einige Besonderheiten auf, die nicht zuletzt auch in der Schmiedetechnik ihren Niederschlag finden:

Das *nomi* wird mit dem Eisenhammer getrieben. Deshalb muss der Körper nicht nur sehr solide ausgeführt werden, sondern auch das Prellen unterdrücken. Die zweischichtige Bauweise, bei dem ein harter Schnittstahl mit einem weichen und damit dämpfenden Eisenkörper laminiert wird, kommt dem sehr entgegen. Sie ermöglicht zudem eine hohe Härte und damit lange

Schneidenstandzeit. Die Präzision, mit der die formschlüssigen Holzverbindungen ausgeführt werden, muss sich naturgemäß auch im Werkzeug widerspiegeln. Der *daiku* erwartet von seinen Stemmeisen Maßgenauigkeit, Verzugsfreiheit und eine ergonomische Gestaltung mit angenehmer Balance.

Nomi dieser Güteklasse werden in Japan nur noch in wenigen Werkstätten in handwerklicher Manier hergestellt. Eine davon ist die Schmiede von Akio Tasai, beheimatet in der Werkzeugmetropole Sanjo in der Präfektur Niigata. Neben dem 1940 geborenen Seniorchef ist heute dessen Sohn Michio hauptsächlich für die Fertigung verantwortlich. Er ist nicht weniger ambitioniert als sein weithin respektierter Vater und hat sogar die Lizenz zum Schmieden von Schwertern *(katana)* erworben. Damit ist er in die Königsklasse des Schmiedehandwerks aufgestiegen.

Am Beispiel eines Zimmerer-Eisens, eines *tataki nomi* von 30 Millimetern Breite, demonstriert er die typischen Fertigungsschritte. Mit 90 Millimeter Klingenlänge ist dieser Typ Stemmeisen länger als die gängigen Schreinereisen *(oire nomi)* und auch mit dem kräftigeren Hals insbesondere für Holzverbindungen an Balken ausgelegt. Wie die meisten japanischen Schneidwerkzeuge ist auch das *tataki nomi* zweilagig aufgebaut.

Unverzichtbar für Balkenverbindungen: *tataki nomi* von Tasai.

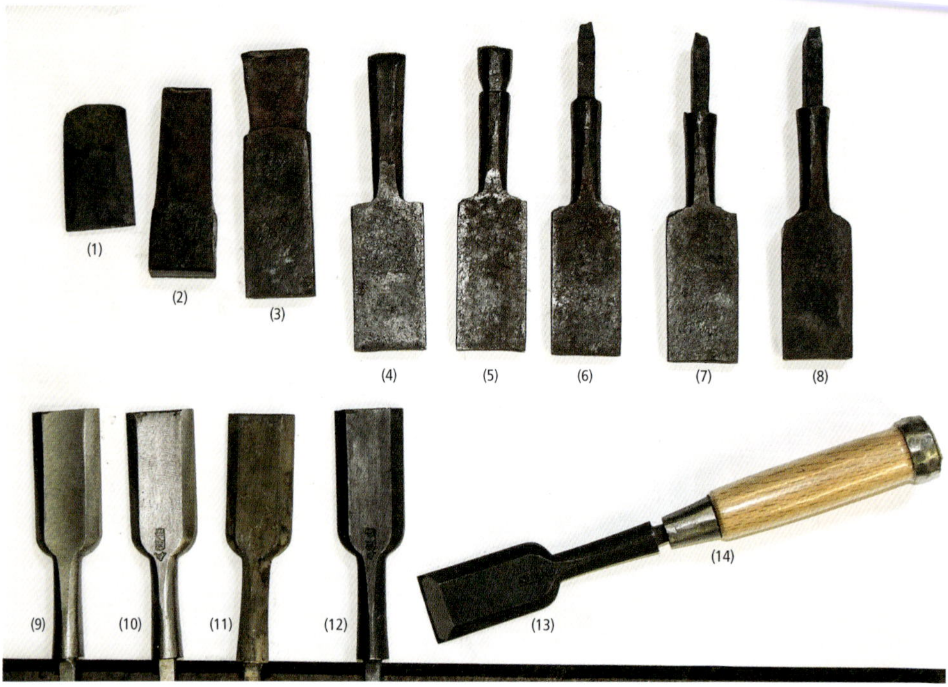

Der Werdegang eines japanischen Stemmeisens:

(1) Plattierungsstahl *(kawagane)* auf Stärke schmieden und anfasen.

(2) Grundkörper aus weichem Eisen *(shigane)* dimensionieren.

(3) Feuerschweißung von Schnittstahl und Grundkörper.

(4) Ausformen des Halses.

(5) Absetzen der Angel.

(6) Ausformen der Angel.

(7) Absetzen der Krone.

(8) Feinschmieden und Normalglühen.

(9) Grobschliff.

(10) Feinschliff und Signatur.

(11) Bestreichen mit Tonschlämme.

(12) Härten und Anlassen.

(13) Planen und Anschleifen der Fase.

(14) Griffmontage.

Als Schnittstahl *(kawagane)* verwendet Michio den von Hitachi hergestellten Blaupapier-Stahl Nr. 2 (C 1,1 %, Mn 0,25 %, W 1,25 %). Um die durch das Walzen erzeugte Längsausrichtung des Gefüges zu beseitigen, wird das fünf Millimeter starke Ausgangsmaterial zuerst am Federhammer bei etwa 850° C durchgeschmiedet. Die Seitenkanten und die hintere Kante werden angefast – ein Prozess, den Michio als *kaisaki* bezeichnet.

Für den *nomi*-Körper wird nicht härtendes Eisen *(shigane)* mit 0,04 % Kohlenstoffanteil verwendet. Die Stange wird auf einen Querschnitt von 20 x 12 mm geschmiedet. Da der Schnittstahl auch teilweise über die Seitenkanten gezogen wird, soll das für die Laminierung vorbereitete Plättchen etwa zehn Millimeter breiter als der Grundwerkstoff sein, hier 30 x 56 x 4 mm.

Das Schweißpulver *(hōsan)* stellt Vater Akio nach einer überlieferten Rezeptur selbst her. Die im Detail geheim gehaltene Mischung besteht aus Borax, Eisenpulver und Zunder. Dazu werden die Zutaten in einer schiffchenförmigen Eisenpfanne mit einer Mahlscheibe zerkleinert und vermischt.

Für die Schweißung wird auf die gelb glühende Stange reichlich Flussmittel aufgestreut, das Plättchen genau zentriert aufgelegt und der Verbund dann in der Koksesse auf Weißglut erhitzt. Ein leichtes Sprühen sternförmiger Funken signalisiert den Moment, wenn Michio das Paket entnimmt und mit leichten Hammerschlägen die Schweißung durchführt. Anschließend wird in einem zweiten Durchgang die Schweißung entlang der Längskanten durchgeführt, sodass das Plättchen den Grundkörper U-förmig umschließt. Am Federhammer wird nun das Werkstück in Länge und Breite grob dimensioniert.

Schweißpulver *(hōsan, tansetsu-zai)*

Schweißpulver hat die Funktion eines Flussmittels beim Feuerschweißen. Es beseitigt einerseits durch seine reduzierende Wirkung die Oxidschicht und verhindert andererseits durch Abdeckung die Neuoxidation und ermöglicht somit eine bessere Verbindung der beiden Fügeflächen. Während man hierzulande nahezu ausschließlich Borax verwendet, setzen japanische Schmiede meist auf ihre eigene Mixturen, die nicht selten als Betriebsgeheimnisse gehütet werden. Nach Erkenntnis des Autors bestehen sie in der Regel hauptsächlich aus Bor oder Borverbindungen (Borax oder Borsäure), mit Beimischungen von 10 % bis 20 % feingemahlenem Eisengranulat und/oder pulverisiertem Eisenoxid (Rost oder Zunder). Japanisches Schweißpulver ist als Fertigmischung auch auf dem deutschen Markt erhältlich.

TATAGI NOMI-BEZEICHNUNGEN

Die Klinge ist um 0,5 mm hinterschnitten.

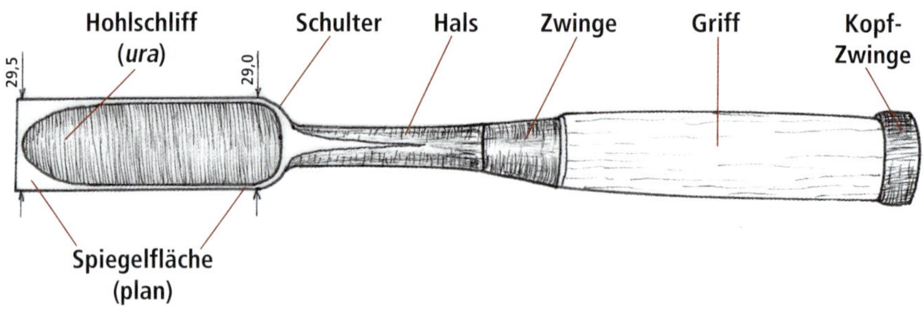

QUERSCHNITT DURCH DIE *NOMI*-KLINGE

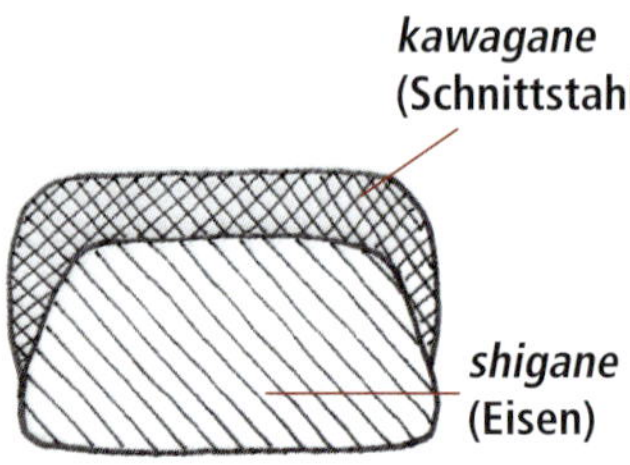

Nach dem Feuerschweißen: Die *kawagane*-Schicht wird U-förmig um den *shigane*-Grundkörper gelegt.

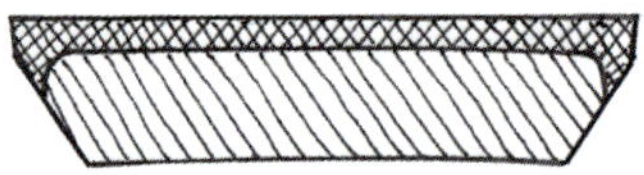

Im fertigen Zustand: Die Plattierung soll über die Breite gleich stark sein. Die Kanten sind im oberen Bereich leicht (5°), im unteren stärker (35°) angefast.

Die richtige Konsistenz des Schweißpulvers ist entscheidend für den Erfolg: Akio Tasai stellt es nach einem alten Familienrezept selbst her.

Für die Verschweißung gibt man reichlich Flussmittel zu.

Beim Feuerschweißen wird der Plattierungsstahl auch über die Seitenkanten gezogen.

Die grobe Formgebung erfolgt am Federhammer. Entgegen der Tradition schmiedet Michio nicht im Sitzen, sondern stehend in einer Mulde, die ihm die richtige Arbeitshöhe an den für sitzende Tätigkeit ausgelegten Ambossen ermöglicht.

Das metallurgisch unreine Ende wird abgeschert.

Um die Klinge bei der weiteren Bearbeitung besser greifen zu können, gibt man ihr eine leichte Krümmung.

Nun werden am vorderen Ende etwa fünf Millimeter abgeschert, um den Verbund zu prüfen und eine saubere Vorderkante herzustellen. Anschließend wird das Werkstück etwa fünf Zentimeter hinter dem Laminat von der Stange abgelängt. Um es für das Formen des Halses besser greifen zu können, gibt man der Klinge eine leichte Wölbung. Beim Absetzen des Halses ist darauf zu achten, dass die Plattierung etwas überlappt. Das gibt dem Blatt mehr Stabilität.

Nach hinten wird der Hals mit Hilfe eines einfachen Gesenks am Federhammer bis auf eine Stärke von 18 Millimetern konisch ausgeformt. Der Hals wird gegenüber der Blattoberfläche etwas angewinkelt, sodass er bei tiefen Einstichen nicht mit dem Werkstück kollidiert. Nun wird mit dem Handhammer der Absatz für die Angel eingekerbt und die Angel vierkantig auf eine Länge von etwa 50 Millimetern dornförmig ausgeschmiedet. Der konische Querschnittverlauf des Blatts von 6 mm an der Spitze auf 12 mm am Blattende sowie die angefaste Rückseite werden beim Feinschmieden erzeugt.

Zudem gibt man dem Blatt eine leichte Krümmung nach oben. Sie soll beim Härten den Verzug kompensieren, der durch die Ausdehnung der Plattierungsschicht (Martensitbildung) entsteht. Dabei wird im Temperaturbereich von 600° bis 800° C vor allem die weiche Klingenrückseite bearbeitet. Um die beim Schmieden entstandenen Gefüge-Inhomogenitäten zu beseitigen, wird die Klinge bei 820° C normalisierend geglüht. Zum langsamen Abkühlen und Entspannen gibt man sie anschließend in ein Bett aus Reisstrohasche und lässt sie darin mindestens acht Stunden ruhen.

Das Trocken-Schleifen an der Korundscheibe und die Bearbeitung mit der Feile beschränkt sich auf das Glätten der Klingenrückseite und die Einstellung des exakten Breitenmaßes. Aus funktionalen Gründen haben die Stemmeisen ein leichtes Untermaß. Die Breite liegt an der Schneide um 0,5 mm unter dem Nennmaß von 30 mm, sie verjüngt sich zum Klingenende hin um weitere 0,5 mm. In dieser Fertigungsstufe wird nun die Klinge auf dem Rücken mit der Signatur des Schmieds gestempelt.

Vor dem Härten wird die Klinge mit einer kohlenstoffhaltigen Tonschlämme *(tonoko)* bestrichen. Sie soll die oberflächliche Entkohlung verhindern und die Benetzung mit dem Abschreckwasser verbessern.

Zum Härten bestückt Michio die Esse mit feinkörniger Pinien-Holzkohle *(matsu sumi)*. Darin wird die Klinge nach dem Trocknen der Tonschicht auf etwa 780° C gleichmäßig erhitzt und anschließend im Wasserbecken abgeschreckt. Das Wasser soll Raumtemperatur haben und nicht frisch, sondern sauerstoffarm sein.

Um dem extrem harten Martensitgefüge die Eigenspannungen und Sprödigkeit zu nehmen, hält der Schmied die Klinge nochmals kurzzeitig über die Glut. Die korrekte Anlasstemperatur von 180° C zur Einstellung der gewünschten Gebrauchshärte von etwa 63 HRC beurteilt Michio am Abperlen von etwas aufgespritzem Wasser. Nach dem Abkühlen wird das Blatt durch vorsichtige Hammerschläge auf dem Amboss gerichtet, sodass die Spiegelfläche völlig plan ist.

Nun wird an der wassergekühlten Topfscheibe die Spiegelfläche geglättet und eine Schneidfase von 30° angeschliffen. Das endgültige Schärfen ob-

Bei reduzierter Temperatur wird das Eisen von Hand feingeschmiedet. Dabei wird das Werkstück durch Schläge auf die Rückseite von hinten nach vorne ausgedünnt und seitlich angefast.

Zum langsamen Abkühlen gibt man das auf Normalisierungstemperatur erhitzte Eisen in ein Bett aus Reisstrohasche.

Beim Schliff der Seitenflanken wird eine Konizität von 0,5 mm über die Klingenlänge von 90 mm hergestellt. Die Kanten werden angefast.

liegt nach japanischer Tradition dem Anwender. Schließlich wird an einer Scheibe auf der Spiegelfläche die für japanische Stemmeisen typische Hohlkehle, die *ura*, eingeschliffen. Sie soll von der Schneide nach hinten hin allmählich tiefer werden, insgesamt jedoch nicht tiefer als maximal

Das mit *tonoko* bestrichene Eisen wird in der Holzkohlenglut auf Härtetemperatur gebracht.

Auf der Spiegelseite erhält das Eisen einen leichten Hohlschliff.

Nach dem Härten wird die Fase und Spiegelseite auf der wassergekühlten Topfscheibe feingeschliffen.

1,0 mm sein. Wichtig ist, dass sie nicht bis an die Kante geht, sondern ein schmaler, geschlossener Rand verbleibt. Schließlich wird der Weißeichen-Griff montiert, der am Übergang zum Hals durch eine konische Zwinge vor Bruch geschützt ist.

Mokume Oire Nomi

Bei der Gestaltung seiner edelsten *nomi* lässt sich Akio Tasai von der Schönheit alter Zedernhölzer inspirieren. Hier treten mit zunehmendem Alter die harten Jahresringe reliefartig hervor und erzählen so die Geschichte des jeweiligen Baums noch einmal. Um den Körper seiner *nomi* zu formen, vermengt der Meister härtbaren Yasuki-Stahl mit altem, nicht härtendem Eisen. Durch Falten, Tordieren und Einkerben, verbunden mit zahllosen Feuerschweißungen, verleiht er diesem Werkstoff ein lebhaftes Muster, das wie die Maserung eines aufgeschnittenen Baumstamms anmutet. Die Bezeichnung *mokume* (= Holzmaserung) bringt das zum Ausdruck. Dass am fertigen Werkzeug die harten Schichten reliefartig hervortreten, macht diese *nomi* nicht nur zu einem visuellen, sondern auch zu einem haptischen Erlebnis. Technisch ist dieser Effekt vermutlich darauf zurückzuführen, dass sich beim Härten des Werkstücks das Gefüge des härtbaren Stahls stärker ausdehnt als jenes des nicht härtenden Eisens. Durch eine feine Brünierung und Hervorheben der harten Lagen durch Bürsten und Polieren wird die Struktur zusätzlich betont. Damit die Funktion nicht der Schönheit nachsteht, wird der Körper mit einer Schneidschicht aus feinstem Blaupapier-Stahl Nr. 2 feuerverschweißt und mit einem Griff aus edlem Sandelholz versehen, gekrönt mit einer handgeschmiedeten Kopfzwinge.

Nach dem Vorbild der Natur: *mokume nomi* von Akio Tasai.

AXT UND BEIL *(MASAKARI* UND *ONO)*

In einem Kulturkreis, der traditionell fast ausschließlich auf Holz als Baumaterial setzte, war die Axt naturgemäß ein unverzichtbares Werkzeug. Ob zum Fällen der Bäume, Behauen der Stämme oder Ausarbeiten der Verbindungen – abhängig vom Gebrauch und der Region gab es zahllose Varianten, die sich in Größe, Anschliff und Form unterschieden. In der Neuzeit wurden diese archaischen Werkzeuge weitgehend von der Kettensäge und anderen Maschinen verdrängt, sodass auch die Zahl der Axtschmieden stark zurückging.

Einer der wenigen noch verbliebenen Spezialbetriebe ist die in der Nähe von Sanjo beheimatete Schmiede der Gebrüder Mizuno. Die Firma wurde 1937 vom Vater der jetzigen Inhaber Isao und Hirofumi Mizuno gegründet. Den beiden Brüdern wurde der Schmiedehammer quasi in die Wiege gelegt. Schon im zarten Alter von drei Jahren begann für sie in der elterlichen Werkstatt das Spiel mit Feuer und Eisen. Zusammen mit rund einem halben Dutzend Mitarbeitern stellen sie heute neben einem Standardsortiment auch diverse regionaltypische Sondermodelle her. Die nachfolgenden Zeichnungen zeigen einige Beispiele des breiten Produktspektrums.

ANATOMIE DES AXTKOPFES

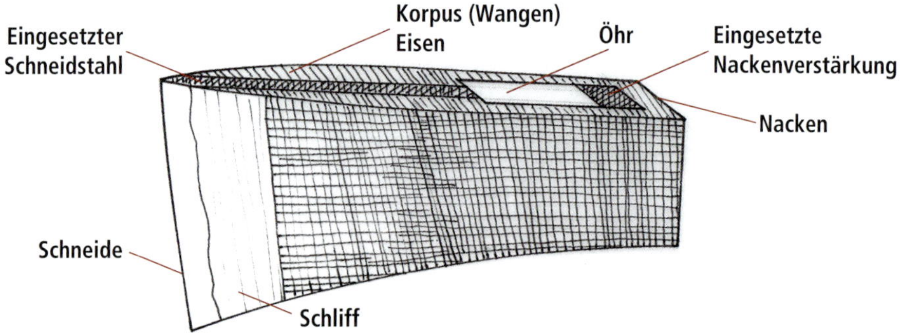

MASAKARI

Äxte mit ausgestelltem Bart (*masakari*) aus verschiedenen Regionen:

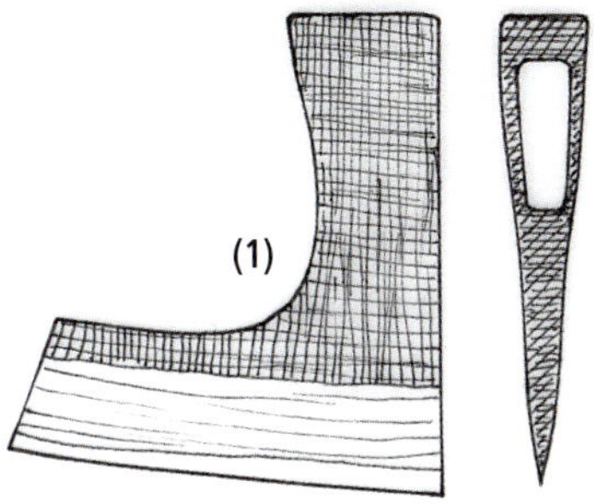

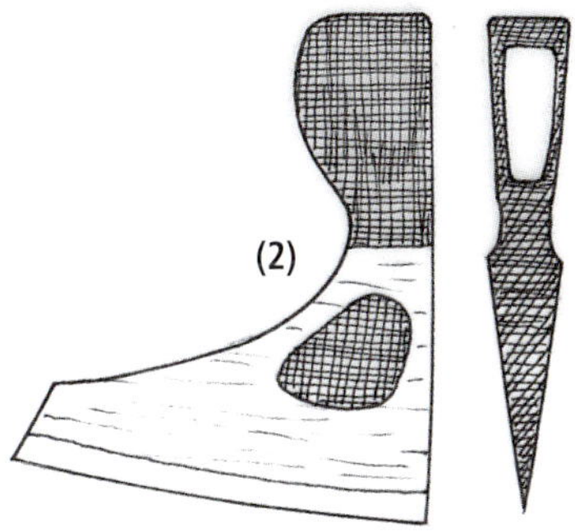

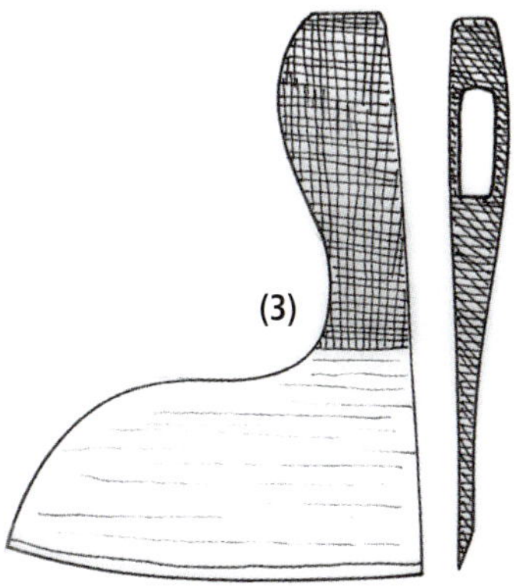

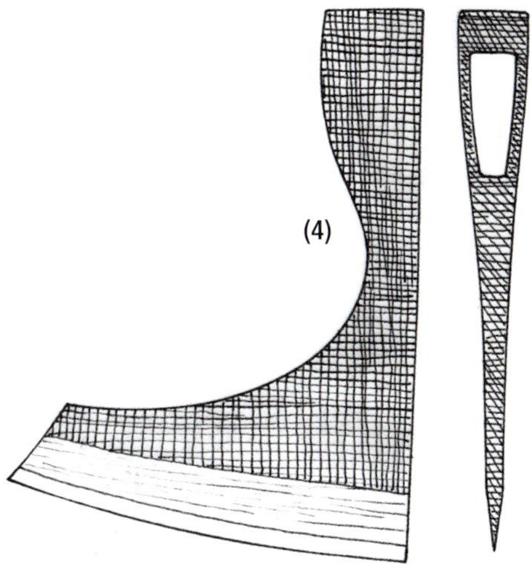

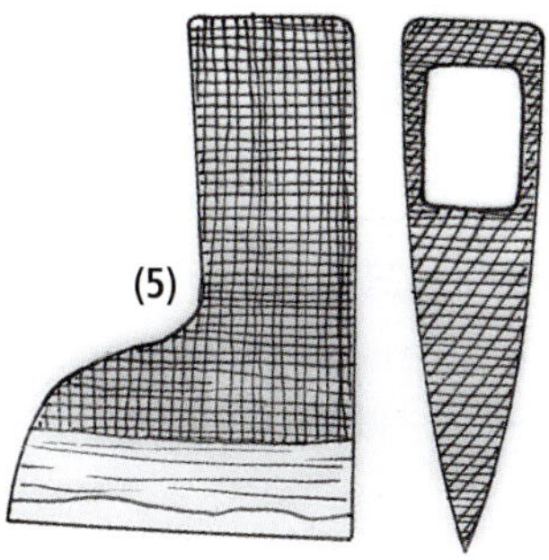

(1) Universalaxt, Tokio-Stil.
(2) Behauaxt im Chikuzen-Stil (alter Name für die Präfektur Fukuoka auf Kyushu).
(3) Großes Zimmermannsbeil im Tosa-Stil (alter Name für die Präfektur Kouchi auf Shikoku). Einseitiger Anschliff.
(4) Großes Breitbeil im Umaoi-Stil (Region Yubari auf Hokkaido).
(5) Spaltaxt im Chiba-Stil.

FÄLLÄXTE

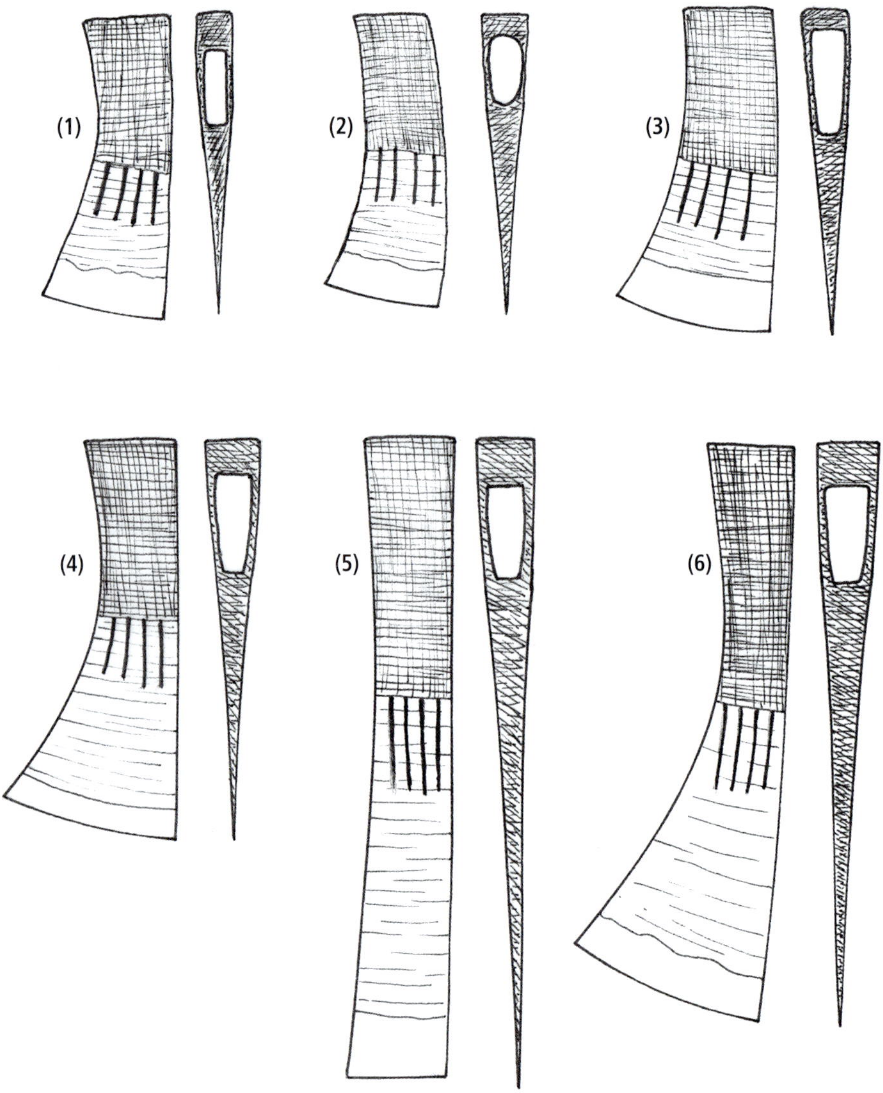

(1) Tosa-Axt für Äste und Wurzeln.
(2) Kishu-Axt für Äste und Wurzeln (Kishu ist der alte Name für die Präfektur Wakayama auf Honshu).
(3) Kishu-Fällaxt.
(4) Universal-Fäll- und Entastungsaxt.
(5) Mezo-Axt für Holzverbindungen.
(6) Große Holzfäller-Axt.

SPALT- UND NOTFALLÄXTE

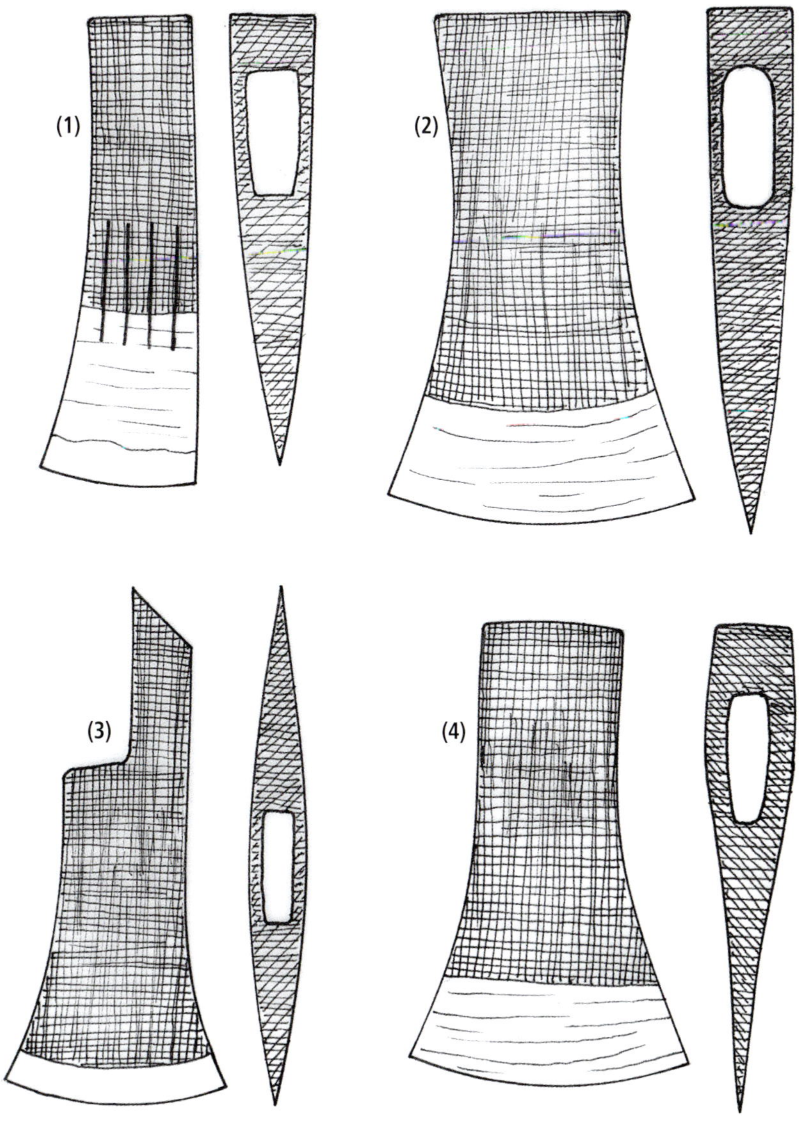

(1) Hamaguri-Spaltaxt im Shinshu-Stil (alter Name für die Provinz Nagano).
(2) Feuerwehraxt.
(3) Kentsuki-Feuerwehr-Pickelaxt.
(4) Universalbeil mit Hammernacken.

Die *ono* (Beile) und *masakari* (Äxte mit ausgestelltem Bart) werden fast ausschließlich in der traditionellen Laminattechnik *(tansetsu)* geschmiedet. Während bei der *masakari* durch Aufspalten der Klingenlippe ein Schneidkeil eingesetzt wird (*warikomi*-Technik), entsteht das Haupt der kleineren *ono* in der Regel durch Ummantelung des Schneidenstahls *(hagane)* mit einem gefalteten Flacheisen.

Der zum Zeitpunkt der Dokumentation 73-jährige Isao Mizuno demonstriert diese Technik an einem kleinen Spaltbeil mit einem Kopfgewicht von 400 Gramm und einem Fertigmaß von etwa 120 x 50 x 20 mm. Bei der Faltmethode wird der *hagane*-Schneidenstahl sowie eine Verstärkung am Nacken durch Einklappen eines Flacheisens umhüllt („gepackt“) und feuergeschweißt.

HERSTELLUNG EINES *ONO*

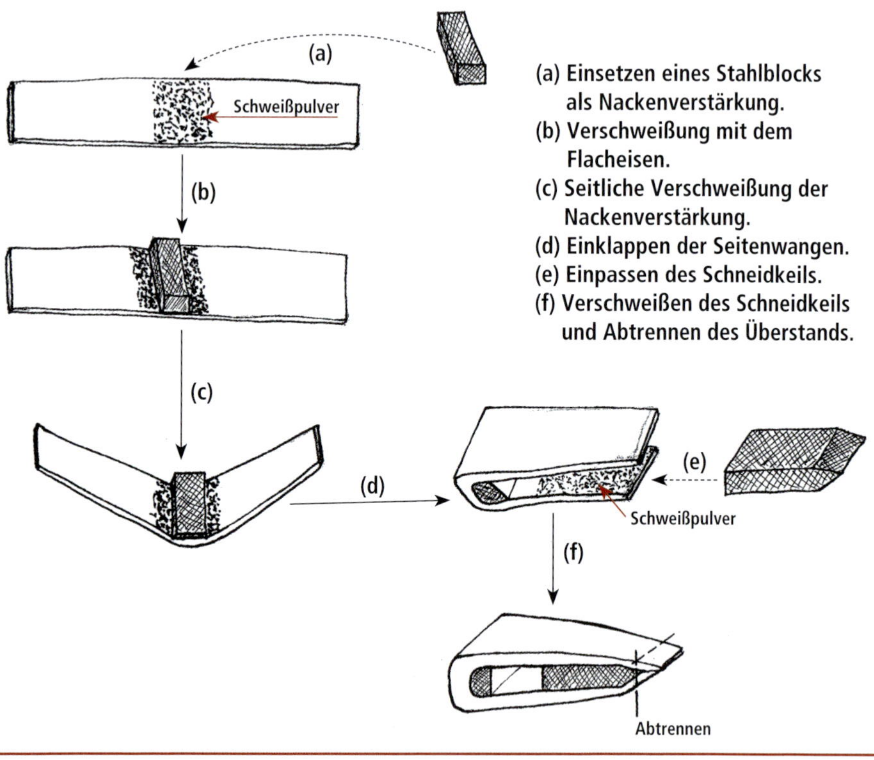

(a) Einsetzen eines Stahlblocks als Nackenverstärkung.
(b) Verschweißung mit dem Flacheisen.
(c) Seitliche Verschweißung der Nackenverstärkung.
(d) Einklappen der Seitenwangen.
(e) Einpassen des Schneidkeils.
(f) Verschweißen des Schneidkeils und Abtrennen des Überstands.

HERSTELLUNG EINER *MASAKARI*

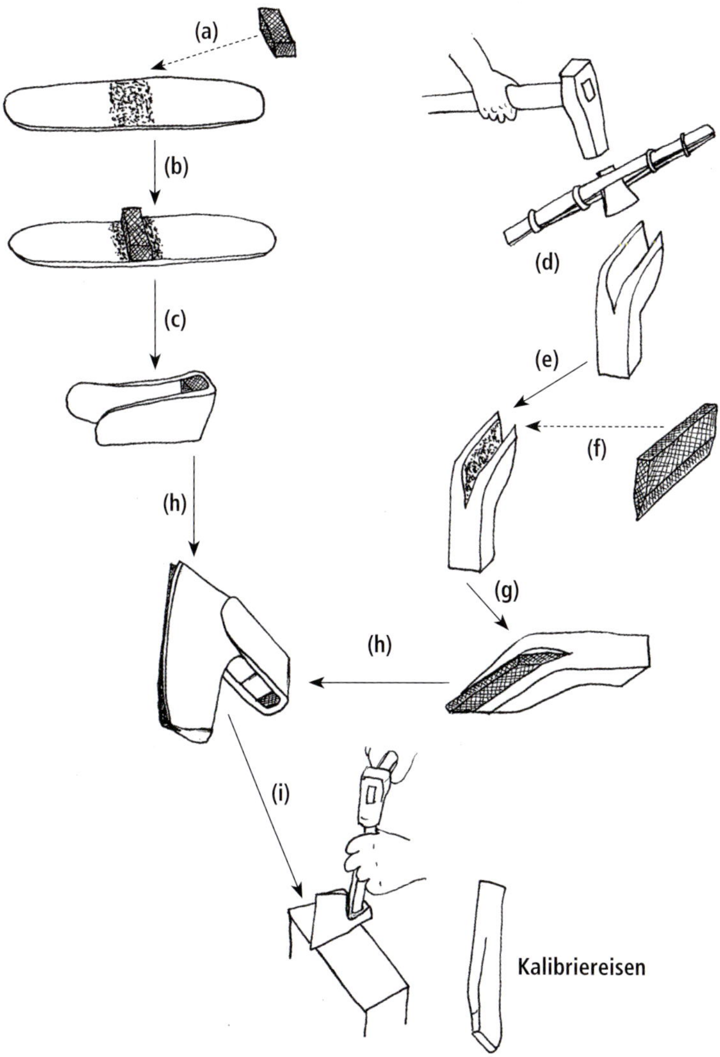

(a) Einsetzen eines Stahlblocks als Nackenverstärkung.
(b) Verschweißung mit dem Flacheisen.
(c) Einklappen und seitliche Verschweißung.
(d) Aufspalten der Lippe mit dem Spalteisen.
(e) und (f) Auftragen von Schweißpulver und Einpassen des Schneidkeils.
(g) Verschweißung des Schneidkeils mit dem Korpus.
(h) Anpassen des Nackens an den Korpus und Verschweißung.
(i) Aufdornen des Stiel-Lochs mit dem Kalibriereisen.

Im Vergleich zu einem massiven Block als Ausgangsmaterial hat diese Methode den Vorteil, dass hier die Lochung und das Aufmeißeln der Lippe entfällt. Allerdings muss beim Feuerschweißen genauer gearbeitet werden.

Für den Körper verwendet Isao einen kohlenstoffarmen, nicht härtenden Flachstahl (er wird von ihm als „SS"-Stahl bezeichnet) von 5 mm Stärke, 50 mm Breite und etwa 260 mm Länge, der an beiden Enden leicht ausgedünnt wird. Als nächstes setzt er mittig einen kleinen Block (etwa 6 x 12 x 50 mm) als Nackenverstärkung ein. Dieser besteht, ebenso wie der Schneidenstahl, aus dem niedriglegierten Kohlenstoffstahl SK-7 (C = 0,65 %). Dieser Stahl hat eine etwas niedrigere Schmelztemperatur als Eisen und lässt sich deshalb besser feuerschweißen.

Das Flacheisen wird mittig in der Koksesse bis zur Gelbweißglut erhitzt, dann der Block unter Zugabe von Schweißpulver exakt rechtwinklig aufgesetzt und mit dem Hammer angepresst. Der Verbund wird vorsichtig im Feuer erneut auf Schweißtemperatur erhitzt (erkennbar am leichten Funkensprühen) und dann mit anfangs sachten, später festeren Schlägen verschweißt. Nun werden die beiden Seitenwangen eingeklappt. Unter erneuter Zugabe von reichlich Schweißpulver wird der Block auch seitlich mit den Wangen dicht verschweißt. Mit einem Kalibriereisen, das die Stärke des Schneidenstahls hat, treibt man anschließend die Wangen passgenau auf.

Die *hagane*-Blöcke haben ein Maß von etwa 70 x 40 x 12 mm, sie werden bereits vor dem Feuerschweißen im vorderen Bereich keilförmig ausgeschmiedet. Für die korrekte Positionierung im Korpus, um ein Loch von etwa 30 mm Länge auszusparen, macht man sich eine Markierung an den Seitenwangen. Die Vorderkante des Schneidenstahls soll gegenüber den Lippen der Seitenwangen etwas zurückspringen, sodass sie beim Schweißen vom Eisen umhüllt und vor Entkohlung geschützt wird. Der Schneidenstahl soll zwischen den Seitenwangen straff sitzen, um bei der Schweißung nicht zu verrutschen.

Unter reichlicher Zugabe von Schweißpulver wird der Verbund in horizontaler Lage in einem ausreichend großen Glutbett gleichmäßig auf Schweißtemperatur erhitzt, erkennbar am leichten Sprühen von Funken. Die erste Fixierung erfolgt durch leichte, aber rasche Hammerschläge am Amboss.

Nach Einstreuen von Schweißpulver in die seitlichen Fugen wird der Verbund in der nächsten Hitze am Federhammer ganzflächig verschweißt.

Obwohl man eventuelle Schweißfehler meist durch erneutes Schweißen korrigieren könnte, sollte man das nach Möglichkeit vermeiden, da es zu

Meister Mizuno schmiedet im Sitzen: Die aus losen Schamottesteinen aufgebaute Esse hat den Vorteil, dass ihre Größe flexibel dem Schmiedegut und den Arbeitserfordernissen angepasst werden kann.

In den an beiden Enden ausgedünnten Umhüllungsstahl wird mittig ein kleiner Stahlblock eingesetzt, der später als Nackenverstärkung dient.

einer randnahen Entkohlung des Stahls führt. Der Beilkopf wird nun am Federhammer in rascher Folge freiform ausgeschmiedet. Nicht nur aus Gründen der Wirtschaftlichkeit, sondern vor allem der Qualität wegen, sollten die heißen Arbeitsgänge so kurz wie möglich gehalten werden. Beim Schmieden von Schneidwerkzeugen gilt generell: Geschwindigkeit wird durch Schnitthaltigkeit belohnt!

Mit sachten Schlägen wird der Block feuerverschweißt.

Tipps für Feuerschweißung *(tansetsu)*:

Für das Feuerschweißen von Stählen sollte man ein paar allgemeine Regeln beherzigen:

- Die zu verschweißenden Teile sollten sich möglichst lückenlos aneinander fügen. Dazu ist es vorteilhaft, ein Teil im glühenden Zustand an das andere anzupassen beziehungsweise einzupacken.
- Entzundern Sie die Oberflächen der zu verbindenden Teile gründlich durch Schleifen oder mit Säure.
- Die Esse sollte zum Feuerschweißen sauber und schlackenfrei sein.
- Verleihen Sie der Oberfläche eine leichte Struktur (grober Schliff oder geschlagene Riffelung). Das verbessert die Verbindung und verhindert das „Wegschwimmen" bei kleinen Teilen.
- Sorgen Sie für eine möglichst gleichmäßige Erwärmung durch Einbettung in einen ausreichend großen Gluthaufen.
- Das Brennmaterial (Koks oder Holzkohle) sollte eine feine und einheitliche Körnung haben.
- Erwärmen Sie zuerst das „Mutterteil" auf Rotglut, bevor Sie reichlich Schweißpulver auftragen. Es sich soll auf der Fügefläche verflüssigen und mit der Oxidschicht reagieren. Auf diese Fläche kann man dann das Gegenstück kalt aufsetzen, bevor der Verbund auf Schweißtemperatur gebracht wird.
- Stahl (mit C) lässt sich leichter mit Eisen (ohne C) feuerschweißen als Stahl mit Stahl oder Eisen mit Eisen.
- Mit zunehmendem Kohlenstoffanteil sinkt der Schmelzpunkt von Stahl. Während Eisen zum Feuerschweißen auf etwa 1300° C (Weißglut) erhitzt werden muss, genügen für Kohlenstoffstahl, je nach C-Anteil, Temperaturen von 1150° bis 1250 ° C (Gelb bis Gelbweißglut).
- Ein guter Indikator für den richtigen Zeitpunkt ist leichtes Funkensprühen. Halten Sie zur Kontrolle im Gluthaufen ein kleines Sichtfenster frei.
- Beim Feuerschweißen klopft man zuerst leicht mit dem Handhammer, um die Teile anzuheften. Unter erneuter Zugabe von Schweißpulver schlägt man erst im nächsten Arbeitsgang kräftiger oder mit Maschinenhilfe, um eine ganzflächige Verschweißung zu erzielen.
- Vermeiden Sie beim Feuerschweißen von Schnittstahl eine Entkohlung der für die Schneide zuständigen Partien (nicht zu oft erhitzen, Einpacken, späteres Abtrennen der Randschicht).

Nach dem Feuerschweißen der Nackenverstärkung wird die Ummantelung U-förmig eingeklappt.

Maximale Effizienz: Kleine Beile werden in Losgrößen von jeweils vier Stück in nur einer Hitze geschmiedet.

Die Wangen werden zur Aufnahme des Schneidenstahls aufgetrieben.

Der nach vorne konisch zulaufende Schneidenstahl soll möglichst passgenau von den seitlichen Wangen umhüllt werden.

Der Verbund wird mit anfangs sachten, jedoch schnellen Schlägen feuergeschweißt. Die Ummantelung soll den Schneidenstahl entlang der Schneidkante vollkommen umschließen, sodass sie vor Entkohlung geschützt ist. Erst später wird durch einen Besäumschnitt die Schneide freigelegt.

Mit dem Locheisen wird das Öhr von beiden Seiten rechteckig aufgetrieben.

Zum Härten wird der Kopf (in diesem Fall einer *masakari)* im Bleibad auf 780° C erhitzt und dann mit der Schneide voran im Öl abgeschreckt.

Nun wird mit einem kalibrierten Lochdorn das Öhr passgenau ausgeweitet. Dazu muss der hintere Bereich des Kopfes erneut auf Gelbglut erwärmt werden, um ein Platzen der Schweißnähte zu verhindern. Auch beim abschließenden Freilegen der Schneide durch Abstechen der überstehenden Lippen mit dem Schrotmeißel ist auf eine ausreichende Erwärmung zu achten.

Nun wird der Kopf in mehreren Durchgängen mit feiner werdender Körnung an der Scheibe geschliffen und vor dem Härten normalgeglüht. Diese Wärmebehandlung dient zum Abbau der Spannungen und Herstellen eines gleichmäßigen Gefüges. Bei einem Stahl mit 0,65 % Kohlenstoff erwärmt man im Ofen oder der Esse auf Hellrot (etwa 850° C) und kühlt dann langsam an der Luft oder in einem Sandbett ab.

Zum Härten muss der Kopf auf etwa 780° C erwärmt werden. Isao Mizuno verwendet dazu flüssiges Blei (800° C), das eine gleichmäßige Erhitzung gewährleistet. Das Bleibad ist zur Vermeidung der Oxidation und Verdampfung mit feinen Holzkohlestückchen abgedeckt.

Anmerkung: Bleidämpfe sind gesundheitsschädlich, die Methode ist nicht zur Nachahmung empfohlen!

Abgeschreckt wird mit der Schneide voran zuerst in Öl und gleich anschließend in Wasser. So vermeidet man ein Nachziehen der Hitze vom Kern her. Schließlich wird der Kopf bei 200° C in Öl etwa 30 Minuten lang auf eine Härte von 55 HRC angelassen.

Geschärft wird auf wassergekühlten Scheiben, wobei die Fase leicht ballig in einem Schneidenwinkel von etwa 35° angeschliffen wird.

Der Stiel aus japanischer Weißeiche wird mit einem einfachen, nachtreibbaren Eisenkeil fixiert. Die meisten Axtköpfe verlassen Mizunos Werkstatt jedoch ohne Einstielung. Sie ist in Japan Sache des Anwenders, der mit diesem Akt dem Werkzeug seine persönliche Note verleiht.

Das kleine Spaltbeil ist mit einem Weißeichengriff eingestielt.

In der dritten Generation betreibt Tsukasa Hinoura seine auf *nata* und *hōchō* (Messer) spezialisierte Schmiede in der Werkzeugmetropole Sanjo.

DIE GÄRTNER-MACHETE *(NATA)*

Die *nata* ist das Standardwerkzeug des japanischen Gärtners. Mit ihrer dickwandigen, sehr scharfen Klinge entfaltet sie eine hohe Wirksamkeit beim Ausasten und Trimmen von Bäumen und Sträuchern. Der meist einseitige Anschliff ermöglicht stammnahe, glatte Schnitte mit geringstmöglicher Verletzung der Pflanze. Im Unterschied zu den meist einseitig angeschliffenen Gärtner-Macheten werden beidseitig angeschliffene Modelle bevorzugt zum Brennholzspalten oder im Outdoor-Bereich eingesetzt.

Aufgrund ihrer formalen Verwandtschaft werden *nata* in der Regel von Messerschmieden *(hamono-kaji)* gefertigt. Das gilt auch für Tsukasa Hinoura, der nicht nur für seine *nata*, sondern auch für seine Jagd- und Kochmesser landesweit einen ausgezeichneten Ruf genießt. Der über 100-jährigen Familientradition verpflichtet, geht er mit fast wissenschaftlicher Akribie seiner Profession nach. Der Wille zur Perfektion wurde ihm von seinem Lehrmeister Shigeyoshi Iwasaki eingeimpft, einem in Japan als „Schmiedepapst" verehrten Experten für traditionelle Schmiedetechniken (siehe Kapitel Rasiermesser).

Um die vollkommene Kontrolle über die Qualität seiner Produkte zu haben, entstehen diese vom ersten Hammerschlag bis zum Schärfen und der Griffmontage in der eigenen Werkstatt in Sanjo, in der als einziger Mitarbeiter sein Sohn Mutsumi tätig ist. Dabei ist ihm besonders daran gelegen, die Interaktion zwischen Werkstoff, Schmiedeprozess und Wärmebehandlung zu optimieren. Die Verwendung vorgefertigter, laminierter Rohlinge, wie sie von Kollegen zunehmend eingesetzt werden, kommt für Tsukasa Hinoura nicht in Frage. Vater und Sohn demonstrierten die Schmiedeschritte zur Herstellung einer gängigen *saya-nata* mit einer Klingenlänge von 170 mm und 450 Gramm Klingengewicht anlässlich meines Besuchs im Jahre 2015.

Die Klinge dieses einseitig rechts angeschliffenen Werkzeugs ist zweischichtig aufgebaut. In den *shigane*-Grundkörper aus weichem, nicht härtendem Eisen ist der harte *shirogami*-Schnittstahl eingebettet. Diese sogenannte *kasumi*-Bauweise vereint zwei Vorteile in sich: Das zähe, dämpfende Grundmaterial unterdrückt beim Schlag das Prellen und macht

NATA-TYPEN

Man unterscheidet drei Typen von *nata*-Klingen:

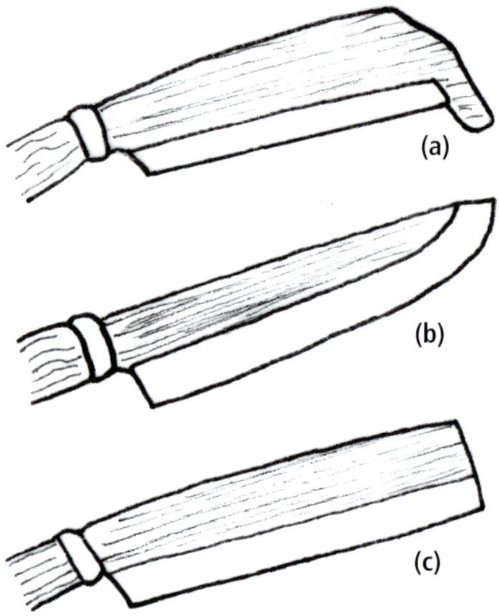

(a) *hashituki-nata*: Rechteckklinge mit „Nase", die bei Fehlschlägen oder Bodenkontakt die Schneide schützen soll.

(b) *ken-nata*: Mit spitzer Klinge, vorwiegend als Buschmachete, meist beidseitig angeschliffen.

(c) *saya-nata*: Die *nata* mit Rechteckkopf ist am gebräuchlichsten für Gartenarbeiten.

NATA-QUERSCHNITT

Der *kawagane*-Schnittstahl (*shirogami 2*) wird durch Feuerschweißen in den weichen Eisen-Grundkörper eingebettet.

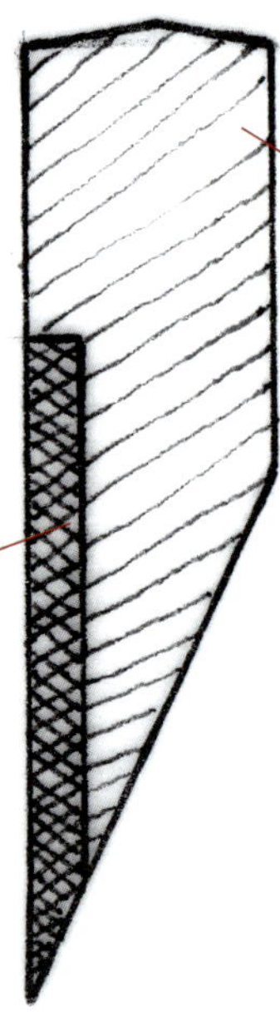

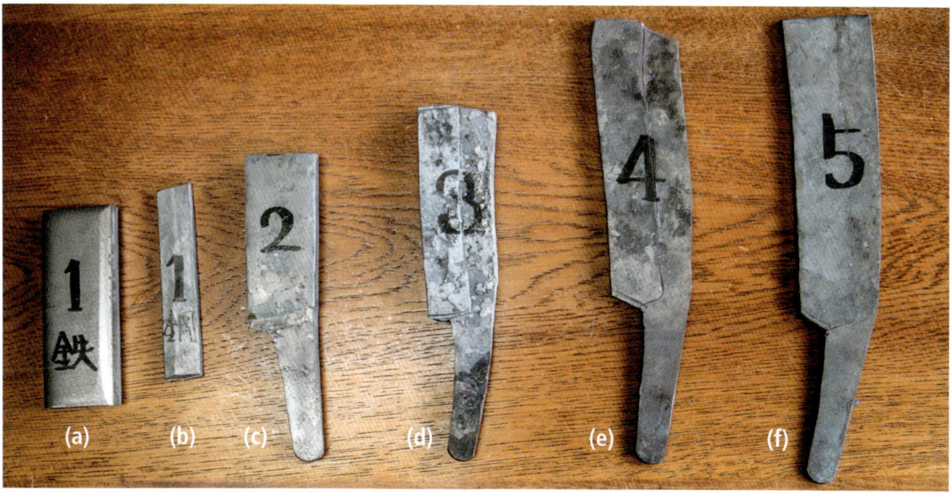

Die Schmiedestufen:

(a) Eisen-Rohling.

(b) Plattierungs-Stahl *(shirogami 2)*.

(c) Eisen-Grundkörper *(kokunanko)*.

(d) Feuergeschweißter Verbund aus Grundkörper und Plattierungsstahl.

(e) In Stärke und Form ausgeschmiedete Klinge.

(f) Auf Maß beschnittene, grob geschliffene und gehärtete Klinge.

die Klinge sehr bruchfest. Zum anderen muss beim Schärfen nur wenig von dem harten Werkstoff, der nur etwa ein Drittel vom Querschnitt ausmacht, bearbeitet werden.

Der Block für den Klingenkörper im Maß 45 x 110 x 10 mm besteht aus niedrig kohlenstoffhaltigem Eisen (C 0,04%), das nicht härtet und eine etwas höhere Festigkeit als Reineisen aufweist. Für den Schnittstahl kommt der von Hitachi speziell für Schneidwerkzeuge hergestellte Weißpapier-Stahl *(shirogami 2)* zum Einsatz (C 1,1%, Si 0,16%, Mn 0,25%). Das für die Feuerschweißung vorbereitete Plättchen von 25 x 105 mm wurde von einem etwas stärkeren Halbzeug auf fünf Millimeter herunter geschmiedet. Dieser rein martensitisch härtende Stahl hat eine etwas geringere Schweißtemperatur als der Grundwerkstoff und eignet sich daher hervorragend für Laminattechniken. Er erreicht Härtegarde von über 60 Rockwell C und ermöglicht durch sein feines Gefüge extrem scharfe Schneiden.

Zuerst wird am Grundkörper eine etwa 60 mm lange Angel abgesetzt, die auch der besseren Handhabung mit der Rundmaulzange dient. Für das Feuerschweißen wird das Grundmaterial mit Hammerschlägen geplant und leicht strukturiert. In der Gasesse wird es nun auf eine gleichmäßige Rotglut (850° C) erhitzt. Unter reichlich Zugabe von Schweißpulver *(tansetsu-zai)*, bestehend aus Borax, Borsäure und pulverisiertem Rost, wird nun der Plattierungsstahl bündig zur Kante aufgesetzt.

Der Verbund wird in der Ofenmitte auf die erforderliche Schweißtemperatur von etwa 1050° C erhitzt. Als Unterlage dient eine starke Stahlplatte, die für eine gleichmäßige Wärmeabgabe sorgt. Ein leichtes Funkensprühen signalisiert den richtigen Zeitpunkt für die Entnahme und sofortiges Verschweißen mit sachten Hammerschlägen. Bei etwa 950° C wird anschließend der Schneidenstahl am Feder- oder Lufthammer bündig in den Grundkörper eingearbeitet. Auch die Oberkante des eingelegten Schnittstahls muss fugenlos mit dem Grundkörper verbunden sein. Gegebenenfalls kann man diese Naht durch eine Hochkant-Schweißung nachbessern.

Zuerst wird die Angel geformt.

Unter reichlich Zugabe von Schweißpulver platziert Mutsumi Hinoura den auf etwa 5 mm ausgeschmiedeten Schnittstahl auf dem *nata*-Grundkörper.

Blick in den Ofen: Der *shirogami*-Schnittstahl wird zusammen mit dem auf einer dickwandigen Stahlplatte liegenden *nata*-Grundkörper auf Schweißtemperatur erhitzt. Ein zweiter Grundkörper (im Vordergrund) wird vorgeheizt.

Der gelb-weiß glühende Verbund wird mit nicht zu heftigen Schlägen verschweißt.

Das Ausschmieden erfolgt am Federhammer. Das nasse Reisstrohbündel im Hintergrund dient der Entzunderung.

Anschließend wird das Werkstück bei etwas reduzierter Hitze auf eine Stärke von 6 bis 7 mm ausgeformt, wobei man es vorwiegend auf der Rückseite bearbeitet. Zu hohe Temperaturen sollten dabei ebenso vermieden werden wie zu häufiges Erwärmen, da beides der Qualität schadet. Die Dicke soll sich zur Spitze hin etwas verringern, während die Klingenbreite von hinten nach vorne von 40 auf 50 mm zunimmt.

Beim Hochkant-Schmieden wird das Gefüge entlang der Schneide verdichtet und unter Zuhilfenahme eines keilförmigen Sattels der Klinge eine leichte Längskrümmung verliehen. Entlang der Schneide wird die einseitige Fase von etwa 20° grob vorgeschmiedet. Zum Absprengen des Zunders während des Schmiedeprozesses benutzt Mutsumi ein nasses Reisstrohbündel, das er wiederholt unter dem Federhammer zuführt.

Nach der Fromgebung wird die Rohklinge an der Spitze und entlang der Schneide auf Maß abgeschert und allseitig grob an der trocken laufenden Schleifscheibe geschliffen. Nun wird die Klinge bei etwa 750° C normalisierend geglüht und langsam an der Luft abgekühlt, wodurch die Spannungen abgebaut werden und ein gleichmäßiges Gefüge erzeugt wird.

Als Vorbereitung für das Härten bestreicht Mutsumi die Klinge mit einer mit Holzkohlenpulver vermengten Tonschlämme *(tonoko)*. Sie soll den oberflächlichen Kohlenstoffentzug in der Glut verhindern und beim Abschrecken die Benetzung mit Wasser verbessern.

Nach dem Trocknen der Schicht wird die Klinge in der abgedunkelten Werkstatt auf Kirschrotglut (etwa 780° C) erhitzt. Der Schmied benutzt dazu eine spezielle Esse, die er mit klein gehackter Holzkohle befeuert. Sie enthält im Gegensatz zu Schmiedekoks oder flüssigem Blei keinen Schwefel, der das Stahlgefüge durch sogenannte Rotbrüchigkeit beeinträchtigen könnte. Abgeschreckt wird in einem Becken mit abgestandenem Wasser von 15 bis 20° C, das durch seine Sauerstoffarmut kaum ausperlt. Das dabei entstehende, sehr harte Martensitgefüge wird anschließend durch Anlassen bei 180° C entspannt und auf eine Endhärte von etwa 61 Rockwell C eingestellt.

Durch das Hochkant-Schmieden wird der *nata* eine leichte Krümmung verliehen und das Gefüge im Schneidenbereich verfeinert.

An der Spitze sowie entlang der Schneide wird der Klingen-Rohling beschnitten.

Die in kleinen Serien hergestellten *nata*-Klingen liegen bereit zum Härten.

Der leichte, etwa 0,5 mm tiefe Hohlschliff (*ura*) auf der Rückseite des Blattes erleichtert das Schärfen.

Die Rille auf der Klingenrückseite ist ein Gestaltungsmerkmal, mit dem Tsukasa Hinoura auf sein stilistisches Vorbild, das japanische Schwert *(katana)*, verweist.

Die Linienführung des Klingenrückens setzt sich im Griff fort. Die Klinge ist vorne etwas angefast, was das Einführen in den Köcher erleichtert. Gestempelt ist die *nata* mit der Marke *(ajigataya)* und dem Herstellungsort Echigo (alter Name für die Präfektur Niigata).

Durch den Volumenzuwachs von vier Prozent des Martensits im Vergleich zum Grundwerkstoff kommt es beim Härten zu einer deutlichen Verwölbung. Der nächste Schritt ist folglich das sorgfältige Richten der Klinge am Amboss. Dabei wird nur auf die weiche Vorderseite geklopft, um Risse in der Schneidschicht zu vermeiden.

Die plane Rückseite wird anschließend an der wassergekühlten Scheibe leicht hohl geschliffen. Dieses für viele japanische Werkzeuge typisches Merkmal dient vor allem der leichteren Schärfbarkeit. Nach mehreren Schleifgängen mit zunehmend feinerer Körnung wird schließlich die Schneide auf Wassersteinen geschärft und die Klinge mit dem Prägestempel signiert. Der knaufförmige, mit der Angel vernietete Griff aus naturbelassener Weißeiche ist durch eine solide Kopfzwinge für die starke Beanspruchung bei der Gartenarbeit ausgelegt.

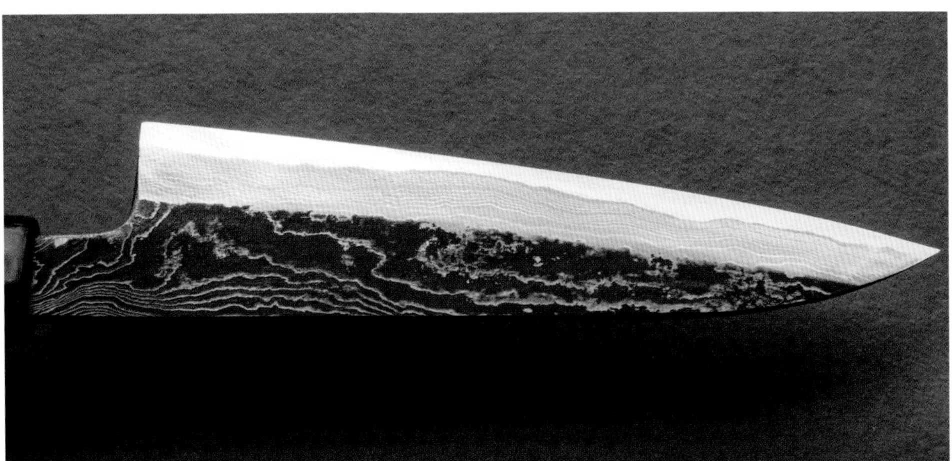

In der Werkstatt Hinoura entehen nicht nur *nata*, sondern auch prächtige *hōchō*. Hier ein Beispiel aus mehrschichtigem *mokume*-Stahl.

(1)
(2)
(3)
(4)
(5)
(6)
(7)
(8)
(9)
(10)
(11)
(12)
(13)
(14)
(15)
(16)

DIE SICHEL *(KAMA)*

Schneidende Gartenwerkzeuge entstehen heute weitgehend in automatisierter Fertigung, bei der kaum noch ein Mensch zugegen ist. Mit rein maschineller Bearbeitung lässt sich jedoch nicht die feine Dimensionierung, die ausgewogene Balance und vor allem nicht eine nach der Belastung ausgelegte Stahlstruktur erzielen, wie es das gefühlvolle Schmieden von Hand ermöglicht.

Wenn jemand ein ganzes Arbeitsleben lang nichts anderes herstellt als Sicheln, kann man davon ausgehen, dass er dieses Handwerk in höchstem Maße verfeinert hat. Das trifft ohne Zweifel auf Koichi Tsurumaki zu, der in seinem Heimatland als einer der letzten seines Standes gilt. Seine aus Zweilagenstahl von Hand geschmiedeten Sicheln genießen unter professionellen Gärtnern in Japan größte Wertschätzung. Die Fotosequenz dokumentiert die zahlreichen Arbeitsschritte, die zur Entstehung einer traditionellen *kama* mit 180 Millimetern Klingenlänge erforderlich sind.

Bild links: Die Herstellung einer traditionellen *kama* mit 180 mm Klingenlänge umfasst etwa 16 Arbeitsschritte:

(1) Vorbereiten des Ausgangsmaterials: Weiches Flacheisen für den Körper und 3 mm starker Weißpapier-Stahl (*shirogami 2,* C 1,1 %) für die Plattierung.

(2) Das Flacheisen wird zur Spitze hin am Federhammer konisch geschmiedet.

(3) Feuerverschweißung der beiden Komponenten und Ablängen.

(4) Ausformen der abgekröpften Angel.

(5)-(8) Formgebung und Ausdünnen des Blattes am Federhammer, Ausformen des Rückens.

(9) Beschneiden.

(10) Feinschmieden mit dem Handhammer (*narashi*-Prozess).

(11) Grobschliff.

(12) Bestreichen mit Härtepaste.

(13) Härten im Bleibad bei ca. 700° C und Anlassen bei ca. 270° C, Endhärte 60 HRC.

(14) Feinschliff, wassergekühlt.

(15) Schärfen und Politur.

(16) Griffmontage.

Koichi Tsurumaki schmiedet auf einem Schemel sitzend in einer Mulde, die der bodennahen Konstruktion der Hilfsmittel angepasst ist. Die mit losen Steinen begrenzte Esse ist in der Größe variabel.

Die Werkstücke liegen bereit für das Feuerschweißen. Die etwa 180 x 15 x 3 mm großen Schnittstahl-Plättchen wurden unter Zugabe von Schweißpulver – an der Spitze leicht überstehend – aufgelegt.

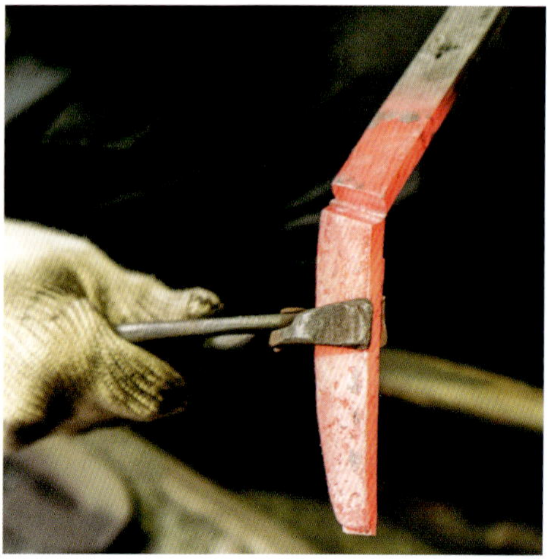

Die laminierten Klingenrohlinge werden für die weitere Bearbeitung von der Haltestange abgetrennt.

Zuerst wird die Angel abgesetzt.

Die Klingen werden in einer Hitze am Federhammer warm ausgeschmiedet.

Nach dem Spannungsfreiglühen wird das Blatt bei reduzierter Temperatur (ca. 330°C) weiter ausgedünnt und mit feinfühligen Schlägen in die endgültige Form gebracht.

Die geradlinig verlaufende Schneide wird an der Stirnseite eines großen Wassersteins beidseitig geschliffen. Die Fase hat einen Winkel von 12°, sie wird im Gegensatz zur europäischen Sichel nicht gedengelt.

Ausgestattet mit einem Griff aus unbehandeltem Magnolienholz *(ho)* ist die *kama* ein federleichtes (250 Gramm) und höchst effizientes Schneidwerkzeug für Gräser und Kräuter.

Die Schönheit des Nützlichen: Ein *sashimi hōchō* von Shigefusa.

DAS FISCHMESSER (*SASHIMI HŌCHŌ*)

Kein anderes Objekt bringt das Können des japanischen Klingenschmieds so klar zum Ausdruck wie das *sashimi hōchō*. Mit ihm zelebriert der Koch die Kunst des Zerteilens, die rohen Fisch zu einem Genuss für Auge und Gaumen werden lässt. Dazu muss die Klinge nicht nur rasiermesserscharf sein, sondern auch höchst präzise Schnitte ermöglichen. Das *sashimi hōchō* verfügt zu diesem Zweck über eine lange, schlanke Klinge, die mit ziehendem Schnitt geführt wird. Sie durchtrennt selbst zarteste Lebensmittel äußerst gewebeschonend, um zugleich deren Geschmack unverfälscht zur Geltung zu bringen. Auch der einseitige Anschliff kommt der genauen Handhabung, etwa beim Häuten von Fischen, zugute.

Für den Schmied stellt sich die Herausforderung, ein Messer von hoher Härte und damit feinster Stahlstruktur zu schaffen, das trotz seiner Länge wenig bruchgefährdet ist. Zudem darf es nicht zu schwer sein und muss gut ausbalanciert in der Hand liegen. Schneidwerkzeuge dieser Art werden allein aus der Funktion heraus geboren. Entsprechend puristisch gestaltet sich ihre Klingenform, die nach dem Weidenblatt *yanagi ba* benannt wird. Den Erwartungen seiner Kunden gerecht zu werden, gilt das ganze Bemühen des traditionsbewussten Klingenschmieds, des *hamono-kaji*. Mit seinen Produkten verneigt er sich symbolisch vor den Dingen, die uns die Natur geschenkt hat.

Zu den wenigen Werkstätten, die noch kompromisslos der reinen Handarbeit und dem damit verbundenen Arbeitsethos huldigen, zählt die in der Präfektur Niigata beheimatete Schmiede von Tokifusa Iizuka. Unter dem Firmennamen Shigefusa versorgt er seit über 50 Jahren die anspruchsvollsten Köche Japans mit standesgemäßem Schneidwerkzeug. Mit Unterstützung seiner Söhne Yoshihide und Masayuki sowie seiner Frau Kyoko vertraut der 1942 geborene Tokifusa auf die überlieferten Methoden der Stahlbearbeitung, die ihren Ursprung im Schwertschmieden haben. Seine Lehrmeister waren Munenori Nagashima und Shigeyoshi Iwasaki (siehe Kapitel Rasiermesser), beide Ikonen des japanischen Schmiedehandwerks. Stilistisch folgt er dem Beispiel des legendären Chiyotsuru Korehide, dessen puristische Klingen von Kennern als Inbegriff japanischer Ästhetik verehrt werden.

Der ältere seiner beiden Söhne, der 43-jährige Yoshihide, demonstriert den Schmiedeprozess einer *sashimi-hōchō*-Klinge mit 240 Millimetern Schneidenlänge in der klassischen *kasumi*-Bauweise. Darunter versteht man den einseitigen Verbund eines harten Schnittstahls *(hagane)* mit einem Klingengrundkörper aus nicht härtendem Eisen *(shigane)*. Die Stärke des Schnittstahls soll dabei nicht mehr als 10 % bis 15 % der Klingendicke ausmachen.

Yoshihide verwendet als Schnittstahl einen hochkohlenstoffhaltigen, schwedischen Werkzeugstahl mit relativ geringen Legierungsanteilen (C 1,25 %, Cr 0,17 %, Si 0,20 %, Mn 0,4 %). Es handelt sich um einen in dieser Zusammensetzung nicht mehr handelsüblichen Altbestand eines Werkstoffs, der vermutlich noch mit Holzkohle erschmolzen wurde. Aus

Der Arbeitsplatz: Die Grube ermöglicht dem Schmied eine stehende Position an den traditionell für sitzende Haltung ausgelegten Einrichtungen (Federhammer, Amboss, Esse, etc.).

diesem Flachmaterial formt Yoshihide ein Plättchen von etwa 1,5 mm Stärke und 85 mm Länge, das an den Kanten angefast und leicht gewölbt ist. Eine Abstufung zur Ferse hin soll die Bruchfestigkeit der Klinge am Übergang zum Erl verbessern. Als Grundwerkstoff für den Körper dient japanisches Schmiedeeisen mit sehr niedrigem Kohlenstoffgehalt (C 0,04 %), von Yoshihide *kokunanko* genannt, das unter dem Federhammer auf etwa acht Millimeter Stärke und 30 Millimeter Breite ausgeschmiedet wird.

Nach dem Anpassen des Plättchens an das Flacheisen werden beide Teile erhitzt und mit reichlich Flussmittel, einer Mischung aus Borax, Borsäure und Eisenoxidpulver, bestreut. Das Pulver schmilzt auf der heißen Oberfläche und bildet so eine Oxidationsbarriere. Nun bringt man die Paarung in der Koksesse auf die Schweißtemperatur von etwa 1250° C. Ein leichtes Funkensprühen signalisiert den Zeitpunkt, zu dem der Verbund dem Ofen entnommen und mit anfangs sachten Hammerschlägen verschweißt wird.

Auf das geriffelte und dunkelrot erwärmte Flacheisen wird Schweißpulver aufgetragen.

Der an den Kanten angefaste und zur Angel hin abgestufte Plattierungsstahl wird an den Grundkörper angepasst.

Für das Feuerschweißen benötigt man einen gleichmäßig durchwärmten Gluthaufen.

Mit sachten Schlägen werden die Stähle feuerverschweißt.

Die Steckangel wird hinter der Plattierung abgesetzt und auf eine Länge von etwa 90 mm konisch ausgeschmiedet.

Das japanische Spalteisen *(tagane)*

Zum Abschroten, Spalten Lochen oder Aufdornen verwenden japanische Schmiede das *tagane*. Bei diesem traditionellen Werkzeug wird der Meißel zwischen zwei Bambus-Griffschalen geklemmt. So kann er prellfrei und gut wärmeisoliert vom Schmied geführt werden. Bei mechanischem oder thermischem Verschleiß sind die Griffe schnell und preiswert erneuerbar. Bei hoher Beanspruchung können statt Bambus- auch Stahllamellen als Griffe verwendet werden.

Im nächsten Schritt wird das Laminat am Federhammer bei etwa 950° C auf 30 Zentimeter Länge gestreckt und dann abgelängt. Um den Erl zu formen, wird zuerst das überflüssige Material mit dem Schrotmeißel abgetrennt. Dabei liefert Yoshihides Mutter Kyoko eine beeindruckende Vorstellung weiblicher Schlagkraft. Sie schwingt den großen *kozuchi*-Vorschlaghammer, dessen Stillänge nahezu ihrer Körpergröße entspricht, während ihr Sohn das Schrotwerkzeug führt. Zur Vermeidung von Gefügefehlern an der funktionell sehr wichtigen Spitze, *kissaki* genannt, wird auch hier der Rand abgetrennt.

Für das nun folgende Feinschmieden wechselt Yoshihide auf die Gasesse. Zuerst wird die Angel auf eine Länge von etwa 90 mm konisch ausgeschmiedet. Da bei der späteren Griffmontage die Angel erhitzt und formschlüssig in die Griffbohrung eingebrannt wird, ist deren Maß unkritisch.

Damit die Klinge bei der nun folgenden Ausformung besser mit der Zange zu greifen ist, wird das Angelende leicht gekröpft. Zum Feinschmieden wird die Klinge nach Möglichkeit nur einmal auf Gelbglut (950° C) erhitzt. Eine rasche Arbeitsweise bei nicht zu hoher Temperatur ist bei diesem Prozess besonders wichtig, um die Entkohlung des Schneidenstahls zu vermeiden.

Unter Mithilfe seiner Mutter als Zuschlägerin schrotet Yoshihide den Rohling entsprechend der Form der Angel ab.

KLINGEN-RÜCKSEITE

Der *kawagane*-Stahl ist zur Ferse hin abgestuft. Der Schwerpunkt (S) soll bei etwa 1/4 der Klingenlänge liegen.

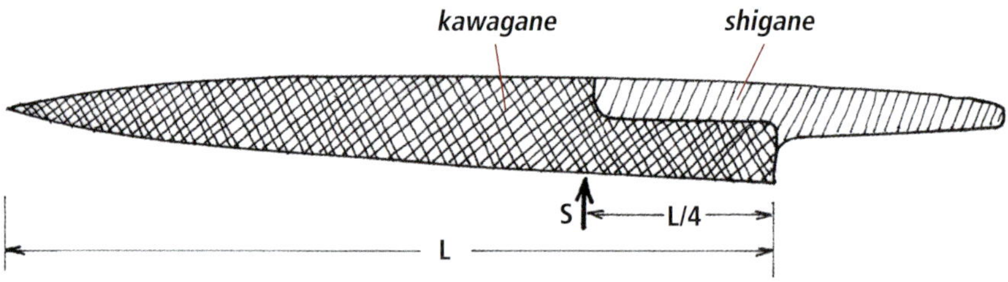

Zugleich reduziert sich damit die Verzunderung. Mit sinkender Temperatur und damit steigender Sprödigkeit des Stahls müssen die Schläge vorsichtiger werden.

Mit dem Handhammer wird die Klinge von etwa fünf Millimetern Stärke am Erl auf zwei Millimeter an der Spitze kontinuierlich ausgedünnt, vorwiegend mit Schlägen auf die Eisenseite des Rohlings. Die Klinge darf nicht zu kopflastig werden. Ideal liegt der Schwerpunkt etwa 1/4 der Klingenlänge von der hinteren Schneidkante entfernt. Nun wird zuerst die Spitze geformt und anschließend der schlanke Längsriss der Klinge mit schnellen Hochkantschlägen ausgearbeitet. Auch die extrem flache Fase von etwa zehn Grad wird schon möglichst genau vorgegeben, sodass später beim Schleifen nur noch wenig Material abgetragen werden muss. Um eine möglichst saubere Oberfläche zu bekommen, taucht Yoshihide den Hammer immer wieder kurz in Wasser, was das Abplatzen des Zunders begünstigt.

KLINGEN-QUERSCHNITT

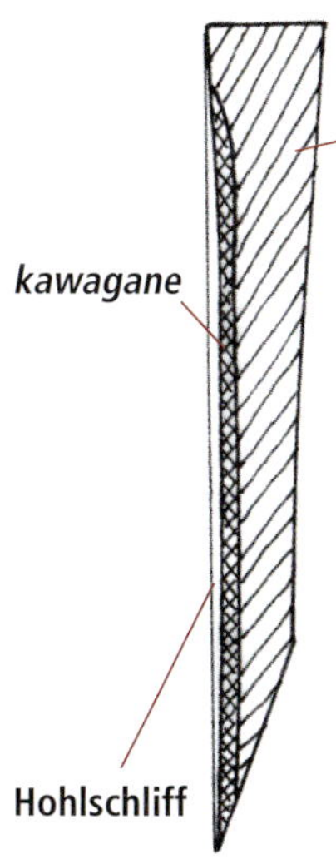

Die harte *kawagane*-Stahlschicht ist im Verhältnis zum *shigane*-Klingengrundkörper nur sehr dünn ausgebildet. Die Klingen-Rückseite weist einen leichten Hohlschiff auf.

Durch Hochkant-Schmieden wird die Weidenblattform der Klinge ausgearbeitet und das Gefüge entlang der Schneide verbessert.

Bei nicht zu hohen Temperaturen (750°-950° C) wird die Klinge zur Spitze hin schlank ausgeschmiedet. Die Klinge darf nicht kopflastig werden.

Die fertig geschmiedeten Rohlinge verschiedener Länge liegen bereit zum Schleifen und Härten. Der Erl ist zur besseren Handhabung (noch) gekröpft.

Mit den *sen*-Schabeisen werden Vorder- und Rückseite der Klinge geglättet.

Nach der Formgebung wird in einem *narashi* genannten Arbeitsschritt die Klinge nochmals bei etwa 600° bis 800° C gehämmert. Dieser allein der Kornverfeinerung dienende Prozess ist nicht mit einer Materialverformung verbunden.

Nach dem Schmieden wird der Rohling bei 780° C normalgeglüht, wodurch sich ein homogenes Gefüge einstellt. Nach einer kurzen Haltezeit lässt man ihn in einem Bett aus Sand und Reisstrohasche langsam abkühlen.

Nun folgt das Schaben der Oberfläche mit dem *sen* genannten Schabeisen. Es handelt sich um eine spanende Bearbeitung, bei der die vom Schmieden noch vorhandenen Unebenheiten abgetragen werden. Im Gegensatz zum Schleifen erzeugt dieses traditionelle Verfahren eine außerordentlich glatte, geschlossene Oberfläche.

Für das Schaben wird die Klinge mit einer speziellen Spannkluppe fixiert.

Mit dem konvex geformten Eisen wird auch die Kuhle *(ura)* auf der Klingenrückseite erzeugt. Sie soll nicht tiefer als 0,5 mm sein und durch einen schmalen, geschlossenen Rand, der auf einem Niveau liegt, begrenzt sein. Diese Kuhle, die man auch bei anderen einseitig angeschliffenen Werkzeugen wie beispielsweise japanischen Stecheisen vorfindet, hat den Zweck, das Abziehen zu erleichtern und den Schnittwiderstand zu verringern.

Die Fase wird frei Hand an der Schleifmaschine nachgearbeitet, wobei die Klinge zur besseren Handhabung und Vermeidung der Durchbiegung auf eine Holzunterlage gespannt wird.

Zur Vorbereitung auf das Härten wird die Klinge mit einer dünnflüssigen Lehmschlämme eingestrichen. Sie bildet nach der Trocknung eine Trenn-

Sowohl die Form als auch die Balance der Klinge werden bei der Feinbearbeitung perfektioniert.

Die Fase wird an einer wassergekühlten Korund-Scheibe mit großem Durchmesser nachgearbeitet.

Beim Abziehen auf dem feinen Naturstein üben die Finger der linken Hand nahe der Schneide Druck aus, während die Rechte die Klinge in Längsbewegungen führt.

schicht, um die oberflächliche Oxidation und Entkohlung bei der Wärmebehandlung zu verhindern. Die Härtetemperatur liegt für den niedrig legierten Kohlenstoffstahl bei 820° C. Eine Magnetprüfung am glühenden Rohling zeigt, ob sich das magnetische, ferritische Gefüge vollkommen in den nicht magnetischen Austenit umgewandelt hat. Nach dem Abschrecken

Die Rückseite der Klinge weist eine leichte Kuhle auf, die durch einen niveaugleichen Rand begrenzt ist.

Der Feinschliff erfordert die volle Konzentration des Meisters und seiner beiden Söhne. Die Blocksteine liegen rutschfest auf Podesten über einem Wasserbecken.

Höchste Spezialisierung

Der japanische Koch verfügt in der Regel über ein ganzes Arsenal von Messern, die jeweils für einen ganz bestimmten Einsatzzweck ausgelegt sind. So gibt es beispielsweise von dem gezeigten Fischmesser eine Variante mit besonders dünner Klinge, die ausschließlich zum Ausnehmen und Zerteilen des Kugelfisches *(fugu)* dient, das sogenannte *fuguhiki hōchō.* Mit diesem ultimativen Präzisionswerkzeug sorgt der speziell qualifizierte Koch dafür, dass die hochgiftigen Innereien restlos entfernt werden, damit das Abendessen nicht das „letzte Abendmahl" wird.
Ein für die westliche Küche gebräuchlicheres Modell ist das sogenannte *santoku hōchō,* ein Vielzweckmesser mit den „drei Tugenden" (Fisch, Fleisch und Gemüse). Dessen Klinge ist relativ hoch, um sie für Julienne-Schnitte am Finger anliegend führen zu können, sowie für den universellen Einsatz beidseits angeschliffen. Um dem Blatt eine lebhafte Wirkung zu verleihen, bevorzugt Meister Iizuka für diese Messerform die *suminagashi*-Bauweise. Dabei wird der als Schnittstahl dienende schwedische Kohlenstoffstahl in einen mehrfach gefalteten Trägerwerkstoff eingebettet, der aus unlegiertem und niedrig legiertem Eisen besteht. Das dabei entstehende, dezente Wolkenmuster wirkt wie mit Tusche *(sumi)* gemalt.

in etwa 50° C warmem Härteöl wird die Klinge für zwei Stunden bei 180° C auf eine Schneidenhärte von 62 Rockwell C angelassen. Da der entstehende Martensit ein höheres spezifisches Volumen hat als Ferrit, sind Verzüge beim Härten unvermeidbar. Die entstehende Durchbiegung wird durch Strecken des weichen Materials mit dem Richthammer korrigiert, bevor der Feinschliff und das Schärfen erfolgt.

Auf Block-Wassersteinen zunehmend feinerer Körnung wird die „auf Null" auslaufende 10°-Fase von Hand geschliffen und schließlich mit natürlichen *awaseto*-Abziehsteinen bis zur Spiegelpolitur gehont. Erst wenn das Werk dem unfehlbaren Auge des Meisters genügt, wird es mittels eines Gravurstichels mit dem Markennamen Shigefusa signiert, eine Zusammensetzung der Vornamen seines Lehrmeisters Shigeyoshi und seines eigenen, Tokifusa. Schließlich wird das Messer von der Frau des Meisters mit einem leichten Magnolienholz-Griff mit Büffelhorn-Zwinge Griff versehen, um schließlich seiner alleinigen Bestimmung zugeführt zu werden: Feinsten Fisch in essbare Kunstwerke zu verwandeln!

Ein weiteres Beispiel aus der Shigefusa-Messerschmiede: Das *santoku hōchō* (Vielzweckmesser) in *suminagashi*-Ausführung. Die beidseitig angeschliffene Klinge weist eine dezente Wolkenstruktur auf.

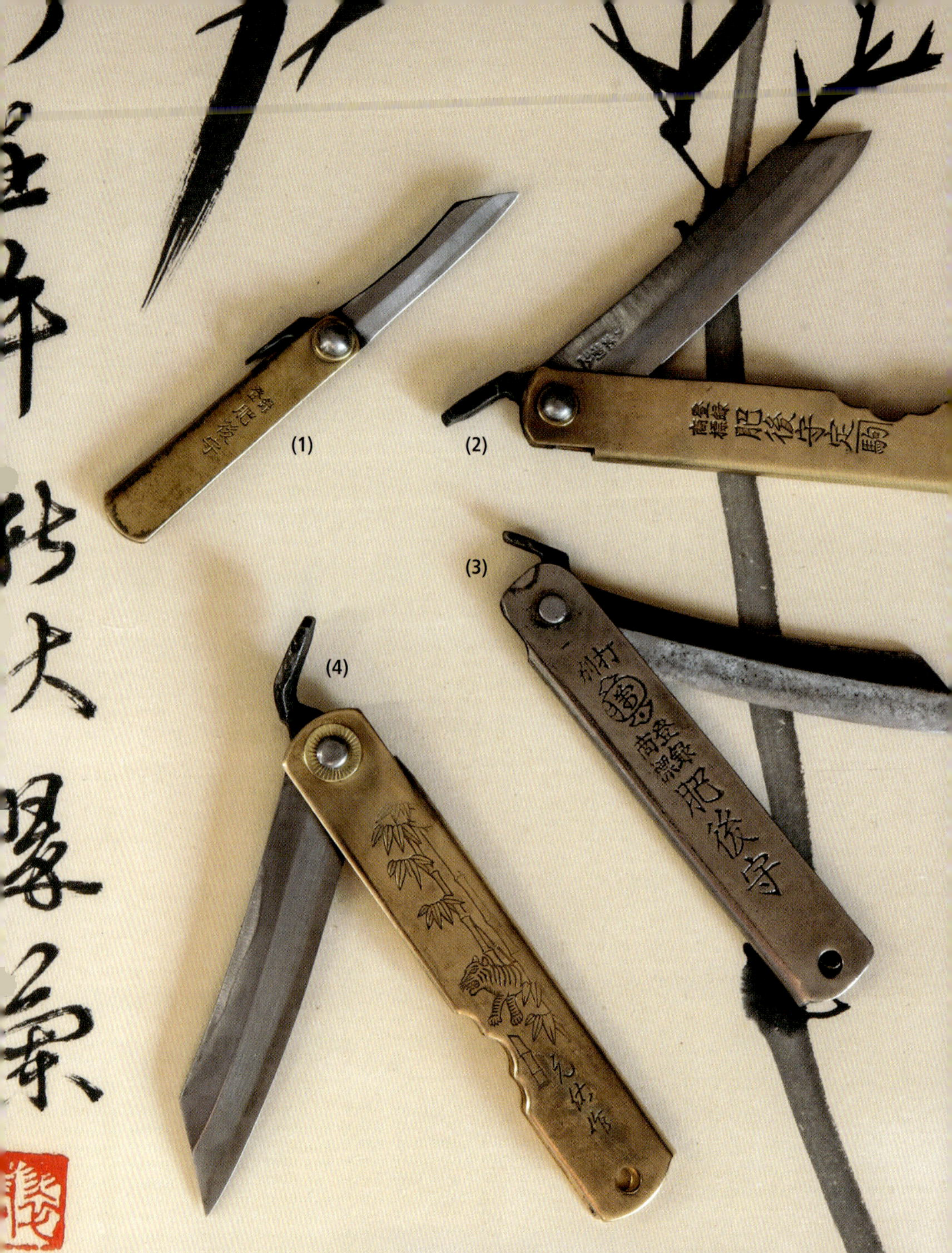

(1) Mini-*higonokami*, 3-lagige Klinge, Klingenlänge 40 mm, Nagao.
(2) *Higonokami*, 3-lagige Klinge, Klingenlänge 70 mm, Nagao.
(3) *Higonokami* historisch, 3-lagige Klinge 70 mm, polierter Stahlgriff.
(4) *Higonokami*-Luxusversion, 32-lagiger *suminagashi*-Stahl, Klingenlänge 75 mm, Nagao.

DAS KLAPPMESSER *(HIGONOKAMI)*

Higonokami heißt wörtlich übersetzt „Der Edle aus Higo“, wobei Higo die alte Bezeichnung der japanischen Insel Kyushu ist. Der edle Charakter dieser so benannten Klappmesser erschließt sich jedoch nicht auf den ersten Blick. Vielmehr haben sie eine eher rustikale Anmutung mit den noch sichtbaren Bearbeitungsspuren und einer auf das Elementare reduzierten Mechanik. Bestehend aus nur drei Teilen – der Klinge, dem gefalzten Blechgriff und dem Niet – steht das *higonokami* geradezu exemplarisch für eine Kultur des Weglassens, die typisch ist für den traditionellen japanischen Formenkanon.

Nach der Entmachtung der Samurai durch die sogenannte Meiji-Restauration und dem damit verbunden öffentlichen Trageverbot für Schwerter mussten sich in der zweiten Hälfte des 19. Jahrhunderts viele Schwertschmiede neu orientieren. Häufig wechselten sie in das Lager der Messermacher, das dadurch eine besondere handwerkliche Blüte erlebte.

In Miki, einem der Zentren der Schneidwarenherstellung, wirkte der ehemalige Schwertschmied Teji Murakami. Als neue Produktidee wurde ihm im Jahre 1896 von einem reisenden Werkzeughändler namens Tasaburo Shigematsu ein primitives bäuerliches Klappmesser mit U-förmig gefalzter Scheide, die im ausgeklappten Zustand zugleich als Griff diente, übergeben. Er hatte das ursprünglich *tosu* genannte Messer auf der Insel Kyushu (früher Higo) erworben. Trotz guter Schärfe war jedoch dessen Gebrauchswert durch das Fehlen jeglicher Klingenarretierung stark eingeschränkt.

Durch das Anfügen eines abgekröpften Hebels am hinteren Klingenende, der zugleich als Anschlag diente, behob Meister Murakami kurzerhand diesen Makel. Er bahnte damit den Weg für den enormen Erfolg dieses preiswerten und vielseitig brauchbaren Messers, das man fortan nach seinem Herkunftsort *higonokami* nannte. Im Jahre 1899 wurde die *higonokami*-Messermachergilde gegründet, mit zu ihrer Blütezeit bis zu 200 Mitarbeitern, und schließlich 1907 der Name als Marke offiziell registriert.

Wegen seiner an das japanische Schwert angelehnten Klingenform wird das *higonokami* oft als „kleiner Bruder des *katana*" bezeichnet. Dabei hatte es nie die Funktion einer Waffe, sondern diente vielmehr in der ersten Hälfte des 20. Jahrhunderts als alltägliches Gebrauchswerkzeug, das in keinem Haushalt fehlen durfte. Für Handwerker, Jäger und Fischer war es ebenso unentbehrlich wie für Schüler, die es zum Anspitzen der Bambus-Schreibfedern benutzten. Je schärfer diese Schreibfedern waren, umso schöner gerieten die *kanji*-Schriftzeichen. Aus diesem Grunde gab es über lange Zeit sogar landesweite Anspitz-Wettbewerbe!

Ein jähes Ende fand die Verbreitung des *higonokami* in den 1960er Jahren, als aufgrund der Ermordung eines prominenten Politikers mit einem Schwert – nicht mit einem Klappmesser – die Waffengesetze in Japan drastisch verschärft wurden. Den rigiden Maßnahmen fiel dennoch auch das kleine *higonokami* zum Opfer – es wurde fortan aus den Schulmäppchen verbannt. Durch den Nachfrageeinbruch blieben von den zur Blütezeit über 50 Werkstätten in der Präfektur Hyogo heute gerade noch zwei übrig, die diese Ikone des Messerdesigns weiterleben lassen. Der Autor hat sie im Juni 2015 besucht.

Nagao Seishakusho

Der Messerschmied Komataro Nagao war Ende des 19. Jahrhunderts einer der ersten Hersteller des *higonokami* und Mitbegründer der gleichnamigen Messermachergilde. Sein Nachkomme Mitsuo Nagao, der den in Miki beheimateten Betrieb heute führt, ist derzeit der alleinige Inhaber der Markenrechte. Ausgestattet mit einem kleinen Park von meist selbst konstruierten Maschinen und unter fachkundiger Mithilfe eines kleinen Mitarbeiterstabs produziert er täglich 50 bis 200 *higonokami*, abhängig von der Ausführung und Qualität.

Etwa 13 Fertigungsschritte sind zu unterscheiden:

1. Ausstanzen des Messingblechrohlings für die Griffschale.
2. Stempeln mit dem Markennamen und zusätzlich meist mit einem mythologischen Zeichen, beispielsweise dem *kanji* für „Libelle" *(tombo)*, die in Japan eine besondere Wertschätzung genießt.
3. Falzen des Griffblechs.
4. Ausstanzen und Lochung des Klingenrohlings aus dreilagigem *(sanmai-)* Stahlblech von drei Millimetern Stärke. Die mittlere Schneidenschicht besteht aus Blaupapier-Stahl Nr. 2 *(aogami 2)* von Hitachi, eingebettet in unlegiertes Eisen. Für Luxusausführungen kommt ein fünf Millimeter starker, 32-lagiger *suminagashi*-Stahl zum Einsatz. Auch hier besteht die Mittellage aus *aogami* 2. Beide Laminatstähle können in Japan als warmgewalztes Halbzeug bezogen werden. Der gekröpfte Hebel am Klingenende wird anschließend an der gleichen Presse heiß abgesetzt.
5. Schmieden der beidseitigen Fase
6. Grobschliff der Fasen an automatischer Schleifmaschine.
7. Feinschliff von Hand auf Körnung 46.
8. Härten: Bei einfachen Ausführungen des Messers wird die Klinge von Hand in der Gasflamme erhitzt und dann in Öl abgeschreckt. Hochwertige Modelle werden im Bleibad erhitzt, das eine genauere Temperaturführung ermöglicht (790° C).
9. Anlassen im Ofen (180° C, eine Stunde), Endhärte 59 HRC.
10. Zusammenfügen von Klinge und Griff und Vernietung.
11. Feinschliff der Flanken und der Fasen (Körnung 60/160/240).
12. Anschliff „auf Null" mittels Planscheibe und Schleifpapier (Körnung 320).
13. Abziehen und Politur auf der Filzscheibe (rote und grüne Paste der Marke Koyo).

Die Messingbleche für die Griffe liegen bereit zum Falzen.

Aus Dreilagen-Blech wird die Klinge ausgestanzt.

Die Flanken und Fasen werden von Hand am bodennahen Amboss geschmiedet.

Die auf dem Schleifautomaten grob bearbeiteten Klingen liegen bereit zum Feinschliff.

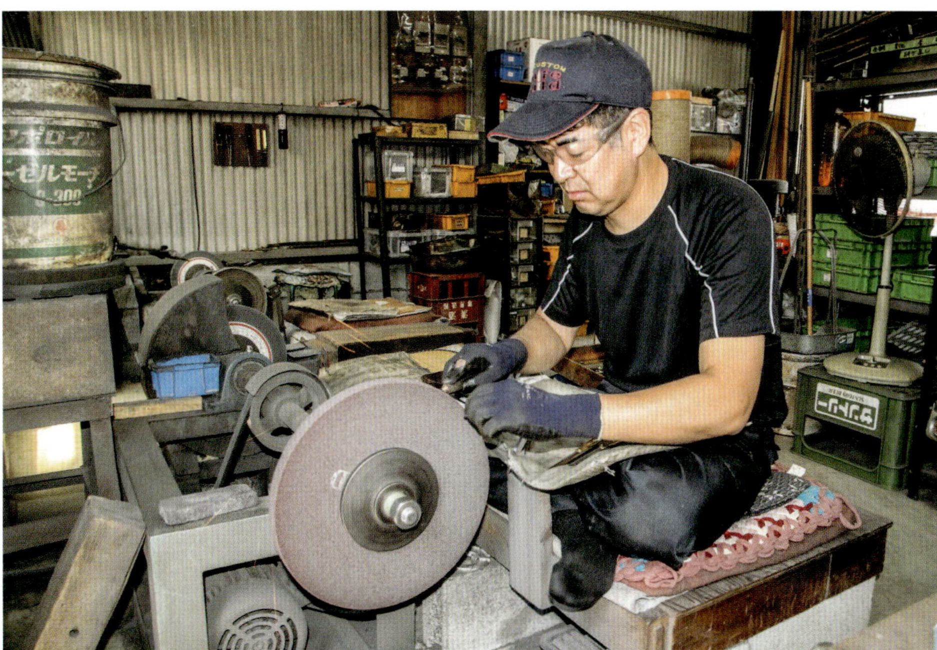

Der 47-jährige Mitsuo Nagao, hier beim Feinschliff, führt den Betrieb in der fünften Generation. Man beachte, dass sogar in der Werkstatt die Schuhe ausgezogen werden!

An der Glühfarbe erkennt der erfahrene Mitarbeiter die richtige Härtetemperatur. Ein gleichmäßiges und nicht zu langes Erhitzen ist entscheidend für die Qualität der Klinge.

Geschärft wird an der papierbespannten Planscheibe.

Nach dem Abziehen auf der Filzscheibe sind die Messer fertig zum Verpacken.

Die Verpackung und Endkontrolle ist Aufgabe von Nagaos 76-jähriger Mutter. Dass sie dabei über kleinere Bearbeitungsspuren hinwegsieht, hat System: Denn nach japanischer Tradition obliegt das endgültige Finish des Schneidwerkzeugs immer dem jeweiligen Besitzer, der es damit zu einem „Teil seiner selbst“ macht.

(1) *Higo*-Messer, Klinge 3-lagig *(watetu/shirogami/watetu)*, Klingenlänge 72 mm, Griff *watetu*, gebürstet.
(2) Speerhobel *(yarri kanna)*, geschmiedet aus einem Tempelnagel, Klinge mit *shirogami* laminiert, Klingenlänge 60 mm.
(3) Mini-Schnitzmesser (*kogatana*), geschmiedet aus *watetu*-Eisen, gebürstet, Klinge mit *shirogami 2* laminiert, Klingenlänge 32 mm.
(4) Mini-Speerhobel *(yarri kanna)*, geschmiedet aus *watetu*-Eisen, gebürstet, Klinge mit *shirogami 2* laminiert, Klingenlänge 32 mm.

Osamu Tomita

Ein Meister vom „alten Schrot und Korn“ begegnet uns in Osamu Tomita, der seine urtümliche Werkstatt ebenfalls nahe Miki betreibt. Hier entstehen überwiegend in Handarbeit nicht nur *higonokami* (die er aus markenrechtlichen Gründen „Higo-Messer“ nennt), sondern auch traditionelle Holzbearbeitungswerkzeuge. Eine neue Produktlinie sind Miniwerkzeuge, die in gleicher Präzision und Qualität gefertigt werden wie ihre großen Brüder. Sie gehen hauptsächlich an Sammler in den USA.

Als traditionsbewusster Werkzeug- und Messerschmied weigert er sich, vorgefertigte Laminatstähle zu verwenden und damit die Kontrolle über die wichtigsten Arbeitsschritte aufzugeben: die Auswahl, die Vorbereitung und das Feuerschweißen des Klingenstahls. Als Ausgangsmaterial für die Körper verwendet Osamu bevorzugt altes, noch im Rennofen gewonnenes *watetu*. Der unserem historischen Puddeleisen vergleichbare Werkstoff lässt sich hervorragend schmieden und schärfen.

Vor allem aber lassen sich mit *watetu* herrliche Oberflächenstrukturen erzeugen, die dem damit geschaffenen Werkzeug einen höchst individuellen Charakter verleihen. Man darf sich daher nicht wundern, wenn man in Tomitas Werkstatt diverse Kisten mit rostigen Tempelnägeln, Türbändern oder Ankerkettengliedern vorfindet, gewonnen über Kontakte zu Abwrack- oder Restaurierungsfirmen. Doch diese Quellen versiegen allmählich, sodass er immer häufiger auch zu industriell hergestelltem Eisen greifen muss.

Als Schnittstahl kommt vorwiegend der von Hitachi aus Eisensand hergestellte Hochkohlenstoffstahl *shirogami 2* zum Einsatz, vereinzelt auch echter Schwertstahl *(tamahagane)*, den er von einem befreundeten Schwertschmied erhält. Schwertstahl wird nämlich offiziell nicht an Werkzeugschmiede abgegeben. Die groben Umformarbeiten und die Feuerschweißungen erfolgen an der Ölesse, für die weitere Bearbeitung kommt die bodennahe Koksesse zum Einsatz.

Vor dem Härten werden die Klingen mit einer dünnflüssigen Lehmschlämme *(tonoko)* eingestrichen, um die oberflächliche Entkohlung des Stahls zu unterbinden. Aus Pinien gewonnene Holzkohle, gehackt in gleichmäßig kleine Stücke, ist das geeignete Brennmaterial für das Härtefeuer. Nach dem Abschrecken im Härteöl werden die Klingen in noch heißem Zustand drei Stunden in einem mit Reisstrohasche gefüllten Kasten ausgelagert, wodurch sich die Eigenspannungen abbauen und sich eine Endhärte von etwa 61 Rockwell C einstellt. Die anschließenden Schärf- und Montagearbeiten folgen dem gewohnten Muster.

Wertvolles Alteisen: Beschläge und Nägel aus Abrissgebäuden, mindestens 100 Jahre alt. Sie bilden den Grundwerkstoff für *higo*-Klingen, Griffschalen und Werkzeugkörper. Dieses Material lässt sich nicht nur hervorragend feuerschweißen, sondern hat auch beim Schärfen Vorteile: Die Einlagerungen und Lunker halten den Schleifstein frei.

Starker Auftritt: Gefaltet und flach ausgeschmiedet tritt bei *watetu* eine prägnante Maserung zu Tage, die durch Bürsten beim Endprodukt zusätzlich betont werden kann.

Osamu Tomita formt die Griffschalen seiner *higo*-Messer aus dünn ausgeschmiedetem Recyclingeisen frei Hand auf dem Amboss.

Eine Riffelung des Kernstahls verhindert das Versetzen beim anschließenden Feuerschweißen und verbessert den Verbund.

Der auf Weißglut erhitzte Verbund wird durch nicht zu heftige Schläge auf dem Amboss feuerverschweißt.

Osamu Tomitas Produkte legen Zeugnis davon ab, wie vielseitig und kreativ der Schmiedeberuf sein kann. Dennoch hat der im Jahre 1945 geborene Messerschmied – trotz guter Auftragslage – keinen Nachfolger. Ans Aufhören denkt der virtuose Meister allerdings nicht: „Was sollte ich sonst machen? Schmieden hält schließlich jung!" Wer Gelegenheit hat, ihn bei der Arbeit zu beobachten, hegt daran keinen Zweifel.

Aus jeweils einem feuergeschweißten Rohling entstehen zwei *higo*-Klingen.

In einem Bett aus Reisstroh-Asche entspannen sich die gehärteten Klingen.

Das mit Urkunden dekorierte Büro ist zugleich Lager und Empfangszimmer.

Iwasaki-*kamisori*, *tamahagane*: Das puristische Erscheinungsbild des japanischen Rasiermessers gibt wenig preis von dem Aufwand, der mit dessen Herstellung verbunden ist.

DAS RASIERMESSER *(KAMISORI)*

Die Herstellung eines guten *kamisori* ist nichts anderes als eine technische Gratwanderung. Denn einerseits geht sie einher mit einer maximalen Ausdünnung der Schneidfase, andererseits verlangt sie nach einer extrem hohen Härte, damit sich die hauchdünne Schneide beim Rasieren nicht umlegt. Diesen Zielkonflikt meistert der Schmied Ryuichi Mizuochi durch eine zweischichtige Bauweise, wobei man ein dünnes Schnittstahl-Plättchen in einen relativ starken Grundkörper aus Eisen einbettet.

Von den *kamisori* gibt es zwei Varianten, die formal weitgehend identisch sind, sich jedoch in der Stahlzusammensetzung unterscheiden. Bei der *tamahagane*-Version besteht sowohl der Grundkörper als auch die Plattierung aus historischem, noch unter der Ägide von Kōsuke Iwasaki erschmolzenem Schwertstahl. Dazu wird niedrig respektive hoch kohlenstoffhaltiger

Meisterschmied: Shigeyoshi Iwasaki

Shigeyoshi Iwasaki erhielt seine Ausbildung bei Munenori Nagashima, einem der angesehensten Schwert- und Messerschmiede der Showa-Zeit (1926-1989), bevor er in den Betrieb seines Vaters, des Metallurgen Dr. Kōsuke Iwasaki eintrat. Dessen wissenschaftliches Interesse galt dem japanischen Schwert und den damit verbundenen Herstellungsmethoden. In diesem Zusammenhang wurde es dem zu seiner Zeit führenden Experten sogar erlaubt, die als Nationalschätze und Heiligtümer eingestuften *katana* aus dem Shōsoin-Schatzhaus (8. Jahrhundert) in Nara zu untersuchen. Sein Buch „Hamono no Mikata" („Wie man eine Klinge beurteilt") gilt bis heute als Standardwerk.
Auf der Basis dieser Erkenntnisse entwickelte Kōsuke für seinen Betrieb spezielle, für Rasiermesser optimierte *tamahagane*-Stähle. Nicht weniger ambitioniert führt sein Sohn Shigeyoshi als *kamisori*- und *kogatana*-(Schnitzmesser) Schmied das Erbe seines Vaters fort. Nicht nur als Handwerker, sondern auch als charismatischer Lehrer und kultureller Botschafter Japans im Ausland genießt er in Fachkreisen höchste Anerkennung. Auch die Gründung einer staatlichen Ausbildungs- und Weiterbildungsstätte für junge Schmiede in seiner Heimatstadt, Kaijdojo, geht auf seine Initiative zurück. Zu seinen ehemaligen Schülern zählen unter anderem Tokifusa Iizuka und Tsukase Hinoura, die zur japanischen Schmiedeelite gehören. In der Werkstatt beschränkt sich der 1933 geborene Meister mittlerweile auf die Qualitätskontrolle. Den Hammer hat er seinem langjährigen Schüler und Mitarbeiter Ryuichi Mizuochi übergeben. Die Iwasaki-Schmiede gilt heute als japanweit einziger Hersteller klassischer *kamisori* im Echigo-Stil.

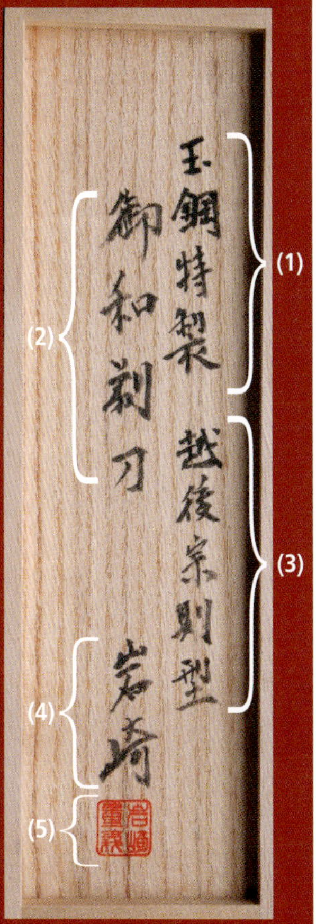

Die Aufschriften auf der Holzschatulle bedeuten:
(1) *tamahagane tokusei*, ein spezieller *tamahagane*.
(2) *on wa kamisori*, das wahre japanische Rasiermesser.
(3) *echigo munenori gata*, im Stil von Munenori, in Echigo hergestellt.
(4) Signatur von Iwasaki.
(5) Siegel „Iwasaki Shigeyoshi".

BEZEICHNUNGEN

Bezeichnungen beim japanischen Rasiermesser auf der *omote*-Seite (dem Gesicht zugewandt). Die Rückseite wird als *ura* bezeichnet.

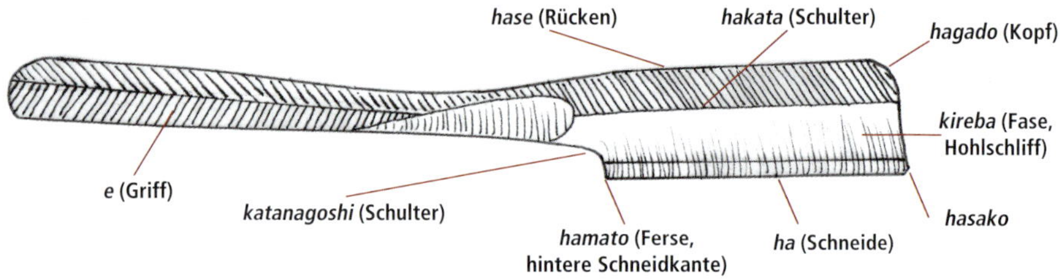

QUERSCHNITT

Im Verhältnis zum dickwandigen *shigane*-Grundkörper ist die *kawagane*-Plattierung sehr dünn ausgeführt.

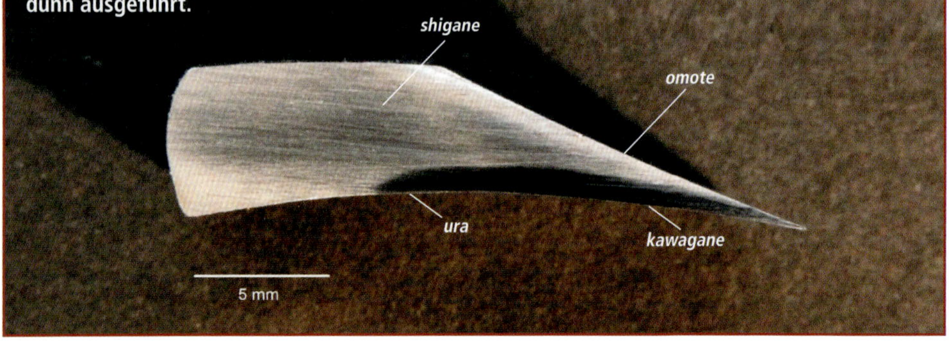

tamahagane plattenförmig ausgeschmiedet und in wiederholten Faltungen und Verschweißungen verdichtet, ähnlich wie beim japanischen Schwert *(katana)*.

Aufgrund der Verknappung dieses Materials wird heute jedoch fast nur noch eine Schwedenstahl-Ausführung hergestellt. Auch hier greift Mizuochi auf alte Bestände zurück. Für die Plattierung kommt noch mit Holzkohle erschmolzener Sandvik-Stahl mit dem sehr hohen Kohlenstoffgehalt von 1,3 bis 1,5 % zum Einsatz. Als Körper dient altes, meist aus Abbrüchen stammendes Eisen, mit einem Kohlenstoffgehalt von etwa 0,1 %. Dieses Material

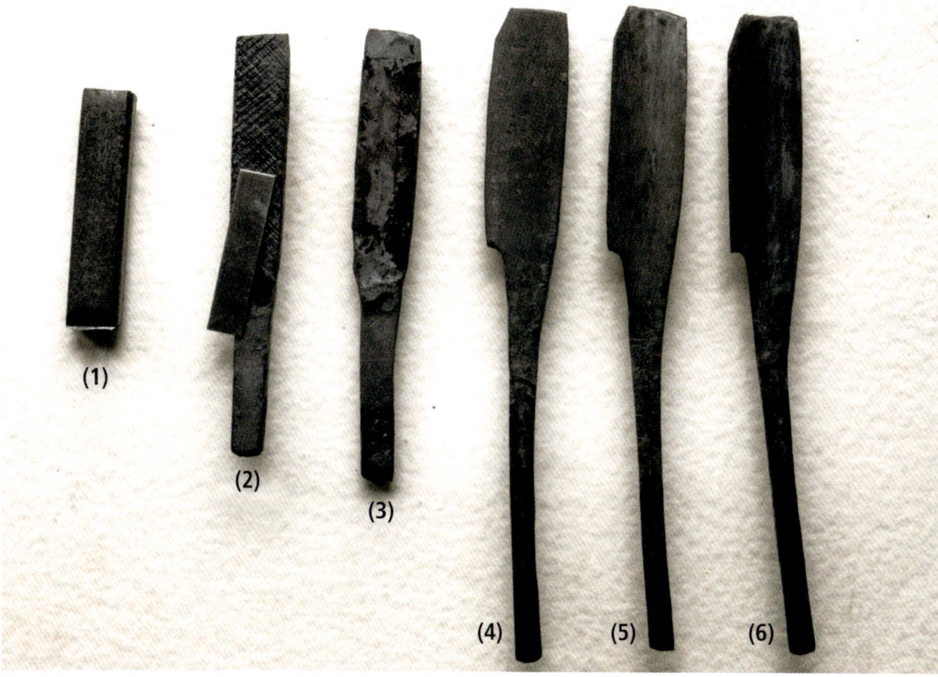

Schmiedestufen beim Rasiermesser:

(1) Eisen-Grundkörper.

(2) Grob ausgeschmiedeter Grundkörper mit Rändelstruktur *(gushi)* und Plattierungsstahl.

(3) Feuergeschweißter Rohling.

(4) Fertig dimensionierte Klinge.

(5) Ausgearbeitete Hohlkehle *(ura)*.

(6) Geschliffenes und gehärtetes *kamisori*, Zustand vor dem Feinschliff.

ist nicht nur gut schmied- und schweißbar, sondern ist auch beim Schärfen auf dem Stein besonders vorteilhaft. Beide Werkstoffe müssen vor der Verschweißung gut durchgeschmiedet werden.

Formal orientiert sich Mizuochi an einem klassischen Modell, wie es für die Präfektur Echigo (die alte Bezeichnung für Niigata) typisch war. Dabei handelt es sich um eine Ganzstahlausführung von etwa 180 mm Gesamtlänge, 60 mm Schneidenlänge und 23 mm Breite. Der Grundkörper wird im Klingenbereich über eine Länge von 70 mm auf etwa zehn Millimeter Stärke und 16 Millimeter Breite am Federhammer ausgeschmiedet. Dabei wird auch die Angel bereits vorgeformt und etwas nach oben gebogen, um sie besser greifen zu können.

Als Vorbereitung für die Feuerschweißung wird auf die Kontaktfläche mit einem Riffelhammer eine Feilenstruktur, *gushi* genannt, aufgebracht. Sie verhindert das Wegschwimmen des dünnen *kawagane*-Plättchens auf der Flussmittelschicht und verbessert zudem durch die vergrößerte Oberfläche den Schweißverbund. Das 60 Millimeter lange und zehn Millimeter breite Plättchen soll dabei nicht stärker als 1,2 mm sein, entlang der Oberkanten wird es leicht angefast.

Der Grundkörper wird im Gasofen auf etwa 600° C vorgeheizt, dann gibt man reichlich Flussmittel auf die Kontaktfläche und setzt das Plättchen so auf, dass es an der Längskante etwas übersteht und an der Schmalseite um einen Zentimeter zurückversetzt ist. Das *hōsan* genannte Flussmittel besteht aus einer Mischung von Bor- und Eisenpulver, die genaue Zusammensetzung zählt zu den Betriebsgeheimnissen.

Um die unterschiedlich schnelle Erwärmung des dünnen Plättchens und des massiven Grundkörpers zu kompensieren, wird im Gasofen eine etwa zehn Millimeter starke Stahlplatte untergelegt. Das Kochen des Flussmittels und ein leichtes Funkensprühen des *kawagane* zeigt das Erreichen der Schweißtemperatur von etwa 1200° C an. Bei der Handhabung des Verbunds geht der Schmied mit großer Sorgfalt vor, um ein Verrutschen des Plättchens zu vermeiden. Mit dem Handhammer wird bei der ersten Schweißung mit sachten Schlägen das Plättchen mittig fixiert. In den Spalt gibt Mizuochi nochmals Flussmittel, um dann in einem zweiten Durchgang die Schweißung zu vollenden.

Die grobe Formgebung erfolgt nun am Federhammer mit einem einfachen Gesenk. Dabei wird in die *omote*-Seite der Klinge (Vorderseite) mit der Primärfase von 20° und der Griff ausgeschmiedet. Durch die leicht gerundete Bahn des Hammers wird zugleich die Hohlkehle auf der *ura*-Seite (Rückseite) vorgeformt.

Beim Feinschmieden mit dem Handhammer wird nun in mehreren Durchgängen mit abnehmender Temperatur vor allem die Hohlkehle (*ura*) ausgeformt. So wird gewährleistet, dass die dünne Plattierungsschicht gleichmäßig stark bleibt und beim Schleifen nicht durchbrochen wird. Während des ganzen Schmiedeprozesses wird das Werkstück immer wieder mittels eines feuchten Reisstrohbüschels besprengt, damit der Zunder abplatzt und nicht in das dünnwandige Werkstück eingeschlagen wird.

Anschließend wird der nicht laminierte Überstand an der Kopfseite der Klinge, etwa ein Zentimeter, an der Schere abgetrennt und auch die Kante entlang der Schneide besäumt. Nun werden an der Schleifscheibe die Außenkontur und die Hohlkehlen auf beiden Klingenseiten auf Sollmaß geschliffen. Um die beim Schmieden entstandenen Eigenspannung abzubauen und ein gleichmäßiges Gefüge herzustellen, wird die Klinge bei etwa 780° C (Kirschrotglut) mit einer Haltezeit von 30 Minuten normalisierend geglüht.

Vor dem Härten bestreicht Mizuochi die Klinge mit einer Tonpaste, die Holzkohlenpulver enthält. Sie soll die Randentkohlung und Verzunderung beim Glühen verhindern sowie die Wasserbenetzung beim Abschrecken verbessern. Nach dem Trocknen der Schicht wird die Klinge in der Holzkohlenglut auf die Härtetemperatur von etwa 800° C erhitzt.

Um dem Flussmittel und dem dünnen Plattierungsstahl mehr Halt zu geben, werden die Eisenrohlinge vor dem Schweißen mit einer Struktur versehen.

Für die Feilenstruktur verwendet man einen Setzhammer mit geriffelter Bahn.

Das Plättchen wird etwa einen Zentimeter nach hinten versetzt auf den Grundkörper aufgelegt.

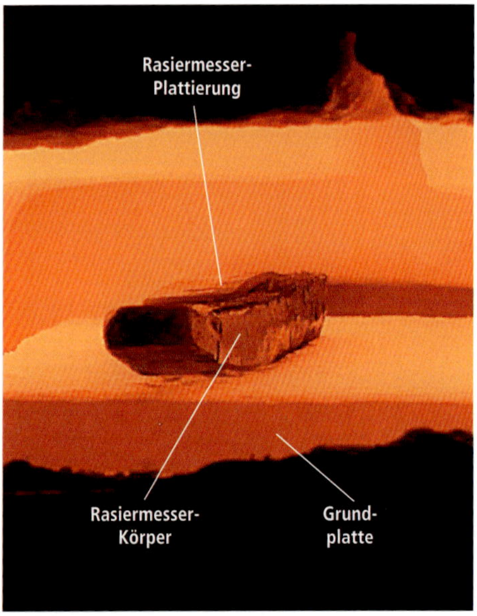

Der Verbund wird im Gasofen auf Schweißtemperatur erhitzt. Die dicke, untergelegte Stahlplatte dient der gleichmäßigen Erwärmung von Grundkörper und Plattierung.

Das Schnittstahl-Plättchen wird mit sanften Schlägen verschweißt.

Die grobe Formgebung und das Absetzen des Griffs erfolgt am Federhammer im Gesenk.

Die Form der Angel ist entscheidend für die Führung und Balance des *kamisori*.

Mit einem konvex geformten Treibhammer wird die Hohlung ausgearbeitet.

Die Außenkontur, Fase und Hohlkehle werden vor dem Härten auf Scheiben zunehmend feinerer Körnung geschliffen.

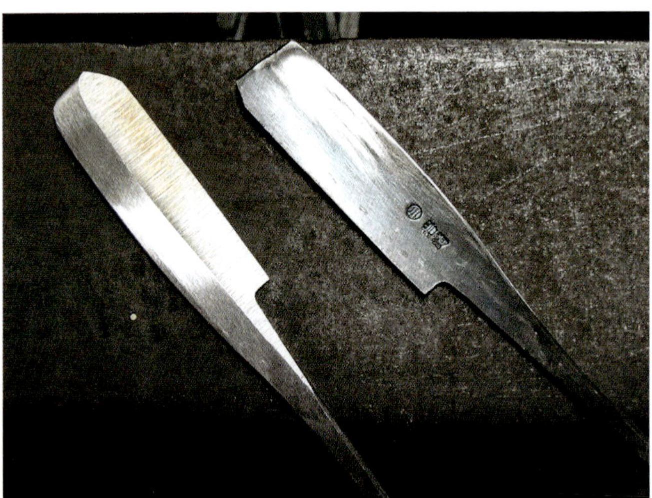

Die feingeschliffenen, gestempelten Rohlinge liegen bereit zum Härten.

Klingen-Beschriftung:
(1) *tamahagane*
(2) *marusan* (Marke)
(3) Iwasaki

Mizuochi beschickt dazu die Esse mit fein gehackter, von der japanischen Rotkiefer *(akamatsu)* gewonnenen Holzkohle. Sie ist frei von Verunreinigungen wie Schwefel oder Phosphor und gewährleistet eine gleichmäßige Durchwärmung bei diesem entscheidenden Prozess. Nach dem Abschrecken in Wasser wird das spröde Martensitgefüge etwa zehn Minuten lang bei 160° C entspannt (angelassen) und damit eine Endhärte von etwa 65 Rockwell C eingestellt.

Durch vorsichtiges Klopfen auf die weiche *omote*-Seite beseitigt Mizuochi die durch die Wärmebehandlung unvermeidbaren Verzüge und stellt sicher, dass die Schneidkante völlig plan ist. Der Feinschliff der Hohlkehle und der *kireba*-Fläche erfolgt auf Wassersteinen zunehmend feinerer Körnung. Durch die Verschneidung dieser beiden konkaven Flächen ergibt sich letztlich eine extrem flache Mikrofase von etwa 8°, die für die exzellente Schärfe mitverantwortlich ist. Erst nach einer strengen Qualitätskontrolle durch Shigeyoshi Iwasaki wird schließlich die Klinge auf der *omote*-Seite mit Namen und Markenzeichen signiert.

Nach der Brünierung der Oberfläche wird das *kamisori* schließlich auf feinsten Naturwassersteinen geschärft und abgezogen. Die Endpolitur führt Ryuichi Mizuochi bei sich zu Hause auf dem Lande durch, um den in der Werkstattumgebung unvermeidlichen Feinstaub zu vermeiden. Zum Nachschärfen empfehlen die beiden Experten die ausschließliche Verwendung von Natursteinen, bevorzugt aus dem Honyama-Steinbruch bei Kyoto. Schließlich sollten nach ihrer Meinung „Stahl und Schleifstein zusammenpassen wie Mann und Frau“.

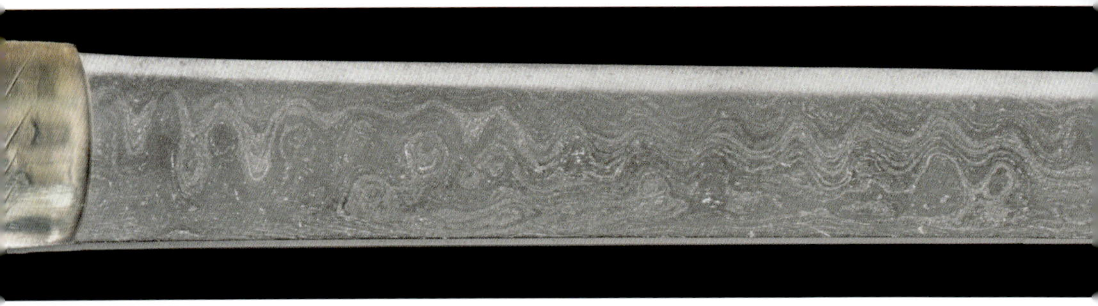

DAS JAPANISCHE SCHWERT *(KATANA)*

Von keiner geringeren als der Sonnengöttin *Amaterasu* wurde das Schwert dem *tenno* als ihrem irdischen Statthalter übergeben. Seitdem gehört es zu den drei Kronschätzen des japanischen Kaisers, der zugleich Oberhaupt der Staatsreligion, des Shintoismus, ist. Da verwundert es nicht, dass dem *katana* seit jeher in der japanischen Kultur ein Stellenwert zukam, der weit über dessen Funktion als Waffe hinausging.

Obwohl Stahl als Werkstoff erst relativ spät das japanische Archipel erreichte, etwa im 6. nachchristlichen Jahrhundert, konnte sich die Schmiedekunst nicht zuletzt wegen seiner mythologischen Bedeutung innerhalb relativ kurzer Zeit zu höchster Blüte entfalten. Während der Kamakura-Zeit, im 12. Jahrhundert, griffen sogar Kaiser zum Schmiedehammer. Die besten Schwertfeger ließen Klingen entstehen, die angeblich „ein den Bach herunter treibendes Ahornblatt allein durch die Kraft der Strömung zerteilten".

Obwohl das Schwert (*katana* ist das Langschwert, *wakizashi* das Kurzschwert und *nihonto* der Überbegriff für japanische Schwerter) als Waffe und Statussymbol Mitte des 19. Jahrhunderts mit der Meiji-Restauration und der damit verbundenen Entmachtung der Samurai an Bedeutung verlor, genießen die wenigen verbliebenen Schwertschmiede *(katana-kaji)* und Polierer *(togishi)* auch heute noch eine hohe gesellschaftliche Wertschätzung.

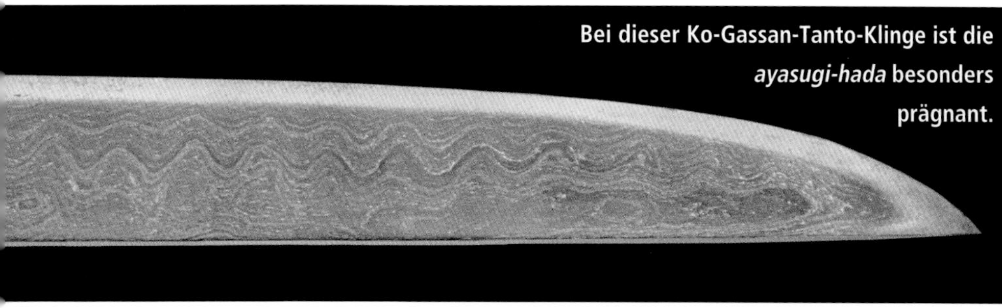

Bei dieser Ko-Gassan-Tanto-Klinge ist die *ayasugi-hada* besonders prägnant.

Einen ihrer herausragenden Vertreter, Gassan Sadatoshi, durfte ich im Juni 2015 an seiner Wirkungsstätte Sakurai-Shi in der Präfektur Nara besuchen.

Die nach einem Berg in der Präfektur Yamagata benannte Gassan-Schule hat ihren Ursprung in der Kamakura-Zeit und zählt somit zu den ältesten Schwertschmiede-Dynastien Japans. Ein untrügliches Erkennungsmerkmal ihrer Klingen war und ist die sogenannte *ayasugi-hada*, eine leicht wellige Stahlstruktur, die zur Spitze hin ausläuft – bildlich vergleichbar den Wellen eines Meeres, die sich am Strand brechen. Die Spuren dieser „Ko Gassan" genannten Schule verlieren sich Ende des 16. Jahrhunderts. Erst gegen Ende der Shogun-Zeit, im frühen 19. Jahrhundert, erlebte sie unter Gassan Sadayoshi eine Renaissance. Er hat nicht nur die Technik zur Herstellung der *ayasugi-hada* wiederentdeckt, sondern auch Klingen von außerordentlicher stilistischer Klarheit mit gerader Härtelinie *(suguha)* nach dem historischen Hosho-Vorbild geschaffen. Auch die feinen Gravuren, die bis heute viele Gassan-Schwerter zieren, gehen auf ihn zurück.

Einer seiner Nachkommen, Gassan Sadaichi (1907-1995), brachte es zu solcher Meisterschaft, dass er vom japanischen Staat zum „lebenden Nationalschatz" *(ningen kokuhō)* ernannt wurde. Heute setzt sein Sohn, Gassan Sadatoshi, die sogenannte Osaka-Gassan-Linie in der fünften Generation fort. Sie ist die einzige Schwertschmiede-Dynastie Japans, die den Umbruch der Meiji-Restauration ohne Unterbrechung überdauerte.

Hinsichtlich des Klingenaufbaus gibt es bei japanischen Schwertern zahllose Querschnittsvarianten. Sie alle verfolgen das gleiche Ziel, nämlich

BEZEICHNUNGEN

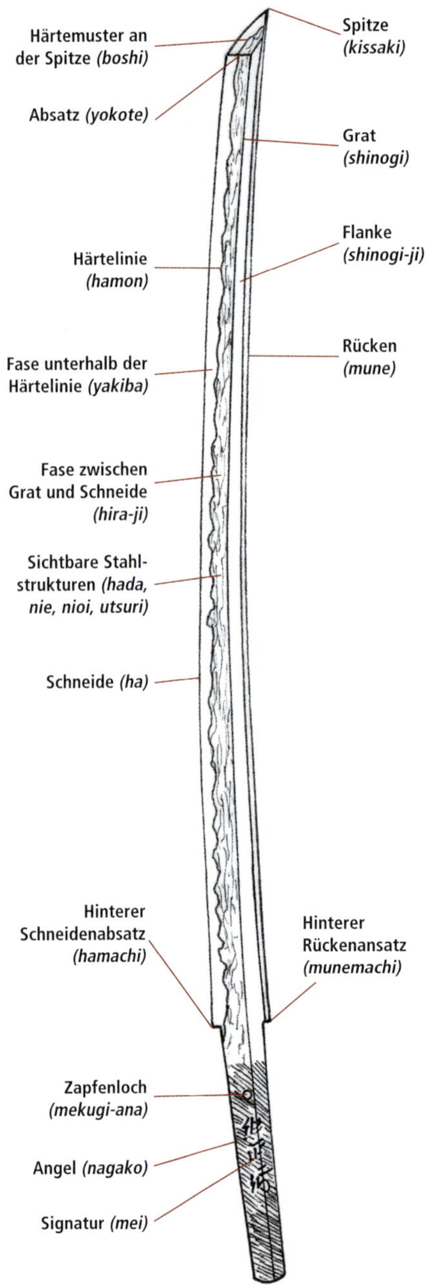

KLINGENQUERSCHNITTE

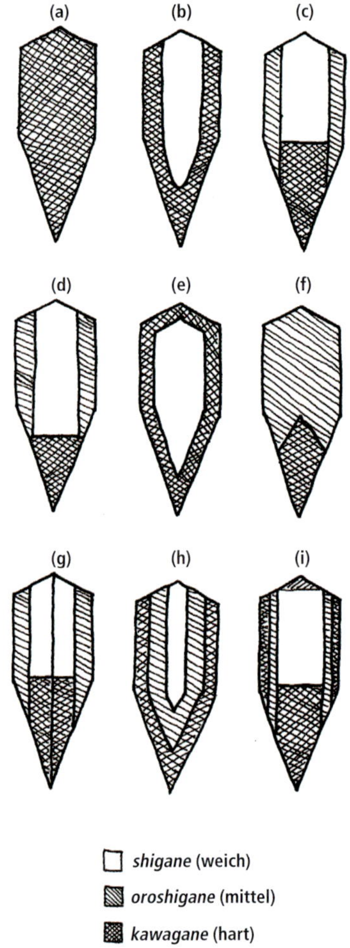

(a) ***maru***
(b) ***kobuse***
(c) ***hosanmai***
(d) ***shihozume***
(e) ***makuri***
(f) ***wariha tetsu***
(g) ***orikaeshi sanmai***
(h) ***gomai***
(i) ***soshu kitae***

hohe Schärfe und Verschleißfestigkeit mit hoher Bruchfestigkeit zu vereinen. Bei der am häufigsten vertretenen *kobuse*-Bauweise wird eine Schicht harten *kawagane*-Stahls U-förmig über einen Kern aus zähem *shigane*-Material gelegt. Bei der von Gassan Sadatoshi bevorzugten *gomai*-Technik wird der *shigane* mit zwei Lagen unterschiedlicher Zusammensetzung und Härte (*oroshigane* und *kawagane*) ummantelt, wodurch sich im Querschnitt ein fünfschichtiger Aufbau ergibt (*go* = fünf).

Wie später im Stahl-Kapitel beschrieben wird, ist das durch die *tatara*-Schmelze gewonnene *tamahagane*-Material keineswegs homogen. Abhängig vom Kohlenstoffgehalt unterscheidet man mindestens drei verschiedene Gütestufen. Für den Mantelstahl kommt nur *tamahagane* der Gütestufe I in Frage, der sehr feinkörnig ist und einen Kohlenstoffgehalt von etwa 1,0 bis 1,2 % aufweist.

Eine Besonderheit der Gassan-Schmiedetechnik liegt darin, dass dieses Material mit historischem, ebenfalls noch im *tatara*-Verfahren gewonnenem Eisen vermengt wird. Dazu wird *furutestsu* (mindestens 100 Jahre alte Nägel oder Beschläge) in einem speziellen Ofen zu *oroshigane*-Rohstahl umgeschmolzen und dann plattenförmig ausgeschmiedet. Erst durch die Feuerschweißung der *oroshigane*-Platten mit dem ebenfalls plattenförmig ausgeschmiedeten *tamahagane* und anschließendem vielfachen Falten entsteht das als Mantelstahl geeignete *kawagane*-Material.

Diese aufwändige Technik ist wohl auch maßgeblich für die Ausbildung des charakteristischen *ayasugi-hada*-Gefügebilds verantwortlich. Durch die Materialkombination und die Entkohlung beim Schmieden wird letztlich ein für das Härten optimaler Endzustand von 0,7 bis 0,9 % C mit Ausbildung einer martensitischen Gefügestruktur angepeilt.

Gassan Sadatoshi verfügt zudem noch über einen Altbestand von selbst hergestellten Rohstahl *(jikaseikō)*, den er ebenfalls in Kombination mit dem *tamahagane* einsetzt. Im Umschmelzofen, der mit einem Rennofen vergleichbar ist, hat er die Möglichkeit zum Auf- oder Entkohlen des jeweiligen Materials. Zum Entkohlen wird der Stahl nahe an den Lufteintrittsdüsen platziert, zum Aufkohlen im oberen Bereich des Ofens.

Für den *shigane*-Kernstahl ist ein kohlenstoffärmeres, perlitisches Gefüge mit hoher Zähigkeit erwünscht. Dieses Material wird ähnlich wie der Mantelstahl gewonnen, mit dem Unterschied, dass vorwiegend *tamahagane* der Gütestufe II bis III mit etwas geringerem Kohlenstoffgehalt eingesetzt wird.

Materialien für das Schwertschmieden:

(1) *satetsu*: Eisensand.

(2) *furutestsu*: Historisches Eisen (Tempelnägel, Beschläge, Kettenglieder etc.).

(3) *jikaseikō*: Im eigenen *tatara*-Ofen hergestellter Rohstahl.

(4) *tamahagane* Gütestufe I: Im Rohzustand (oben) und im *mitzuheshi*-Prozess als Platten ausgeschmiedet (unten).

(5) *oroshigane*: Aus *furutestsu*, *jikaseikō* und *tamahagane* hergestellter Rohstahl mit mittlerem Kohenstoffgehalt.

(6) *doushita*: Kleine, beim *mitzuheshi*-Prozess entstandene *tamahagane*-Bruchstücke.

Mantelstahl

Für die Herstellung des *kawagane*-Mantelstahls werden zuerst *tamahagane*-Brocken der Gütestufe I plattenförmig auf eine Dicke von etwa sieben Millimetern ausgeschmiedet und im Wasser abgeschreckt (*mitzuheshi*-Prozess). Das nun spröde Material wird am Amboss mit dem Hammer in Stücke von drei Zentimeter bis fünf Zentimeter Größe gebrochen. An Hand des Bruchbilds – ein glatter, silbriger Bruch gilt als Indikator für einen hohen Kohlenstoffgehalt – wählt der Schmied die für die Weiterverarbeitung geeigneten Stücke aus.

Eine etwas größere, rechteckige *tamahagane*-Platte wird nun an einem Stab angesetzt, der zur Handhabung dient (*tekogane*). Auf dieser Trägerplatte werden nun ausgewählte, feinkörnige *tamahagane*-Stückchen in möglichst dichter Anordnung zu einem kompakten Paket gestapelt. Bei der Abschätzung der Menge ist ein Abbrandverlust von etwa 50 % während des Schmiedens zu berücksichtigen, was einem Rohgewicht von 0,8 kg bis 1,5 kg *tamahagane* entspricht, je nach Klingengröße.

Der Stapel wird nun mit nassem Japanpapier *(washi)* umhüllt, mit Reisstrohasche bestreut und mit einer speziellen Tonschlämme (*hajiru*) begossen. Sowohl die Asche als auch die quartzhaltige Schlämme dienen als Flussmittel. Zudem stabilisiert dieser Verband das Paket und schützt es im Feuer vor Verunreinigung und Entkohlung, während die Aschehülle zur gleichmäßigen Durchwärmung beiträgt.

Nun folgt der eigentliche Schmiedeprozess, in seiner ersten Stufe *shita-kitae* genannt. Dazu wird die Esse (*hodo*), wie bei allen für die Herstellung der Klinge relevanten Prozessen, ausschließlich mit aus Pinien gewonnener Holzkohle von einheitlicher Sortierung befeuert. Dass selbst das Spalten der Kohle *(sumi-wari)* auf zwei bis drei Zentimeter große Stücke keine triviale Angelegenheit ist, mag man daran ermessen, dass es zu den Hauptaufgaben des Lehrlings während der ersten Ausbildungsjahre gehört. Für ein einziges Schwert benötigt man 12 bis 15 Kilogramm Holzkohle.

Der auf gleichmäßige Weißglut (etwa 1200° C) erhitzte Verbund wird zuerst mit sanften Schlägen verschweißt und in den nächsten Schritten mit Hilfe von zwei Zuschlägern zu einem soliden Barren *(tsumi-wakashi)* verdichtet. Dabei gibt der Meister mit dem kleinen Hammer den Takt und den Punkt vor, auf den die Helfer mit ihren etwa 1,5 Kilo schweren, langstieligen Hämmern abwechselnd schlagen. Trotz ihres relativ geringen Kopfgewichts entwickeln diese Hämmer durch ihre schlanke Bauweise und die kleinflächige Bahn eine hohe Umformkraft.

Eine möglichst lunkerarme Verschweißung ist unabdingbar für die Herstellung einer fehlerlosen Klinge. Größere Hohlräume oder Schweißfehler lassen sich später auch durch intensives Schmieden nicht mehr korrigieren. Sodann beginnt das *orikaeshi* genannte Strecken und Falten des Blocks, wodurch das Gefüge feiner und der Kohlenstoff gleichmäßiger verteilt wird. Dabei werden Einschlüsse, Verunreinigungen (Phosphor, Schwefel, Titan etc.) und Mikrolunker weitgehend ausgetrieben. Dieses Verfahren ist auch in der europäischen Schmiedetradition unter dem Begriff „Gärben“ oder „Garben“ bekannt.

Es wird abwechselnd längs und quer gefaltet, wobei der Block jeweils auf die doppelte Breite beziehungsweise Länge gestreckt, mit dem Schrotmeißel eingekerbt und dann die jeweilige Hälfte nach hinten geklappt wird. Für die Querfaltungen werden etwas kleinere Hämmer verwendet als für die Längsfaltungen. Vor jeder Verschweißung wird erneut Lehmschlämme und Reisstrohasche aufgetragen. Ein nasses Reisstrohbündel, das der Meister während der Bearbeitung immer wieder zwischen Hammer und Schmiedegut einfügt, dient der Entzunderung.

Etwa 15 Mal wird das Werkstück für den Mantelstahl gefaltet, wodurch der *kawagane* bis zu 32000 Lagen bekommt. In der aufwändigen, verständlicherweise nicht in jedem Detail preisgegebenen Faltungstechnik liegt das Geheimnis für die Ausbildung der charakteristischen *ayasugi-hada*.

Zwischenschicht

Beim *gomai*-Klingenaufbau hat die mittlere Lage die Aufgabe, den Härtesprung zwischen *kawagane* und *shigane* zu mindern und damit die Klinge noch belastbarer zu machen. Gassan Sadatoshi verwendet dazu einen im eigenen Rennofen erschmolzenen Stahl, den er als *oroshigane* bezeichnet. Als Zutaten dienen altes, im *tatara*-Verfahren gewonnenes Eisen *(furutetsu)*, Tiegeleisen („pig iron“) und selbst hergestellter *tamahagane (jikaseikō)*. Die genaue Zusammensetzung wird als Betriebsgeheimnis bewahrt.

Der daraus erschmolzene Stahl weist durch die mit dem Alteisen eingebrachten, nichtmetallischen Silikate und Oxide gute Dämpfungseigenschaften sowie eine hervorragende Schmied- und Schweißbarkeit auf. Das amorphe Material wird, ähnlich wie eben beschrieben, im *tsumi-wakashi*-Verfahren verdichtet, an der *tekogane* etwa siebenfach gefaltet und in den Abmessungen dem abgeschroteten *tamahagane*-Block (etwa 12 x 3 x 1 cm) angepasst.

Fertigungsschritte beim Schwertschmieden (Schritte 1 bis 5):

(1) *tsumi-wakashi*: Stapeln der aus den *tamahagane*-Platten hergestellten Bruchstücke auf einer Haltestange mit Kelle *(tekogane)*. *Shita-kitae*: Verschweißen und Verdichten des Verbunds zur Herstellung des Stahlblocks für den Mantelstahl *(kawagane)*.

(2) *orikaeshi*: Vielfaches Falten (längs und quer, bis zu 15 Mal) des Stahlblocks.

(3) *tanren*: Herstellen des *oroshigane*-Stahlblocks als Zwischenlage, passend zum *kawagane*.

(4) *kawaren*: Verschweißung von *oroshigane* und *kawagane*.

(5) *tsukurikomi*: Ummantelung des *shigane* mit *oroshigane/kawagane* und Streckung.

Der *tamahagane* wird anschließend im sogenannten *kawaren*-Prozess mit dem noch an der Handhabe angesetzten *oroshigane* verschweißt. Wie bei allen Feuerschweißungen ist auch hier eine möglichst exakte Passung der Kontaktflächen, ein wirksamer Schutz vor Entkohlung (Einhüllen mit Papier und Tonschlämme) und nicht zu langes Halten in der Glut Voraussetzung für ein gutes Ergebnis. Mit dem so geschaffenen, zweilagigen Block kann nun der *shigane*-Kernstahl ummantelt werden.

Kernstahl

Zur Herstellung des *shigane* wählt der Meister *tamahagane*-Brocken der Gütestufe II bis III aus, die einen relativ niedrigen Kohlenstoffgehalt aufweisen (0,5 % bis 0,7 %, das entspricht etwa 0,3 % bis 0,5 % nach dem Schmieden). Damit ist gewährleistet, dass der Werkstoff beim Härten ein perlitisches Gefüge ausbildet, das ihn besonders zäh und bruchfest macht. Das Material wird wieder in der gleichen Weise verarbeitet wie der Mantelstahl. Das heißt, er wird in Platten ausgeschmiedet, gebrochen und an der *tekogane* zu einem Block verdichtet.

Da der vordere Teil der *tekogane* später die Angel des Schwerts bildet, muss die Haltestange aus dem gleichen Werkstoff bestehen. Auch beim *shigane* ist ein homogenes Gefüge über den ganzen Block gefordert, vor allem um starke Verzüge beim Härten zu vermeiden. Dazu wird der Block etwa fünf bis acht Mal gefaltet. Schließlich wird der Kernstahl an der *tekogane* auf etwa zwölf Millimeter Stärke, zur Spitze hin leicht konisch verjüngt ausgeschmiedet.

Ummantelung

Nun erfolgt die „Hochzeit" von Kern- und Mantelstahl, *tsukurikomi* genannt. Die abgetrennte, etwa acht Millimeter starke und gut entzunderte *kawagane/oroshigane*-Platte wird dazu U-förmig um den *shigane* gelegt, wobei die Spitze komplett eingeschlossen wird, der Rücken jedoch frei bleibt. Eine möglichst formschlüssige Passung ist Voraussetzung für eine fehlerfreie Verschweißung. Unter Zugabe von reichlich Schweißpulver und mit Tonschlämme bestrichen, wird der Verbund im Glutbett gleichmäßig auf Weißglut erhitzt und mit raschen Schlägen feuerverschweißt.

Der Block für den Mantelstahl wird für die nächste der insgesamt 15 Faltungen mit dem Schrothammer eingekerbt.

Schnelligkeit gepaart mit Präzision ist der Schlüssel zum Erfolg bei den Schweißungen: Zwei Zuschläger bearbeiten den Block, während ihn der Meister führt und mit dem angefeuchteten Reisstrohbündel entzundert.

Ausschmieden

Nun wird im *hizokuri*-Prozess die Grobkontur geformt. Mit Hilfe der Zuschläger und ihrer Langstielhämmer wird das Werkstück flach und hochkant bearbeitet und dabei gestreckt. Mit dem kleinen Hammer gibt Sadatoshi bereits die *shinogi*-Linie und die Verjüngung vor. Mit besonderer Aufmerksamkeit widmet er sich der abgesetzten Spitze *(kissaki)*. Im *kissaki-hizukuri*-Prozess kommt es darauf an, dass einerseits kein *shigane* an die Oberfläche tritt und andererseits der *kawagane* nicht zu dick ist. Schließlich wird beim *nakago-hizukuri* die Angel geformt. Damit sind die wesentlichen Schmiedearbeiten abgeschlossen und der Schwertrohling *(sunobe)* ist geschaffen.

Schaben

Im *arami*-Prozess werden mit verschiedenen Schabeisen *(sen)* der Rücken und die Flanken geglättet und mit Feilen am Klingenende die *hamachi* und *munemachi* abgesetzt. Damit ist die Formgebung *(suguta)* des Schwerts abgeschlossen.

Härten

Das Härten *(yakiire)* gilt als anspruchsvollster Arbeitsgang bei der Schwertherstellung. Auf die gründlich gereinigte Oberfläche wird zuerst eine Tonschlämme aufgetragen. Sie enthält (die genaue Zusammensetzung gilt als streng gehütetes Betriebsgeheimnis) Ton, Holzkohlenpulver und den Staub von feinen Naturschleifsteinen *(omura)*. Die Dicke des Auftrags bestimmt die Abkühlgeschwindigkeit beim Abschrecken im Wasser.

Man geht davon aus, dass der Ton für gute Haftung sorgt und die Oberflächenbenetzung mit Wasser verbessert. Eine dünne Tonschicht erhöht daher die Abkühlgeschwindigkeit. Ab einer bestimmten Schichtdicke jedoch überwiegt die isolierende Wirkung des Tons. Zudem stellt der Ton eine Oxidationsbarriere dar, die die Randentkohlung beim Erhitzen verhindert.

Das Schleifsteinpulver soll Risse im Ton verhindern. Der Holzkohlenstaub verbrennt beim Erhitzen, wobei er eine Mikroperforation in der Schicht hinterlässt. Beim Abschrecken entstehen dadurch feine Wasserdampfbläschen, die vermutlich ebenfalls Einfluss auf die Ausprägung der oberflächlichen Gefügestrukturen *(hada)* haben.

Fertigungsschritte beim Schwertschmieden (Schritte 6 bis 10):

(6) *sunobe-hizukuri*: Längliches Ausschmieden des Rohlings, grobe Formgebung.

(7) *kissaki-hizukuri*: Schmieden der Spitze *(kissaki)*, der Gratlinie *(shinogi)* und der Angel *(nakago)*.

(8) *arami (shiage)*: Glätten und Formgebung mit dem Schabeisen *(sen)* und der Feile.

(9) *tsuchi-tori*: Vorbereiten für das Härten: Auftrag einer Tonschlämme in verschiedenen Schichtdicken. Zusammensetzung, Dicke und die im Auftrag eingeritzten Muster beeinflussen die später sichtbaren Gefügestrukturen und die Härtelinie.

(10) *yakiire*: Härten der etwa 780° C heißen Klinge im Wasserbad. Anschließend Anlassen zur Verbesserung der Zähigkeit *(yaki-modoshi)*.

Die Aufbringung und Bearbeitung der Tonschicht erfolgt mit dünnen Bambus-Spachteln und Pinseln. Die Fasenfläche *(yakiba)* wird relativ dünn bestrichen *(yakiba-tsuchi)*, während die Seitenflanken und der Rücken eine bis zu sechs Millimeter dicke Schicht mit der Spachtel erhalten. Durch die Spachtelführung können bestimmte Muster erzeugt werden, die nach dem Härten ihren Ausdruck in der Gefügestruktur finden. So erzeugen beispielsweise kleine, mit der Spachtel erzeugte Querwellen sogenannte *ashi*, gezahnte Perlitausbuchtungen, im *yakiba*-Bereich.

Die Schicht wird dann mit einem Schaber im Bereich der geplanten Härtelinie *(hamon)* wieder teilweise abgetragen, zudem können bestimmte Muster in die Schicht eingeritzt werden. Diese für die Ausbildung des *hamon*, der ein Markenzeichen des jeweiligen Schmieds ist, wesentlichen Arbeitsgänge werden als *tsuchi-tori* bezeichnet. Mit besonderer Sorgfalt widmet sich Gassan Sadatoshi der Spitze *(kissaki)*, deren Härtelinienmuster *(boshi)* für die Schwertbeurteilung von entscheidender Bedeutung ist. Nach der gründlichen Trocknung des Tonauftrags ist die Klinge bereit zum Härten.

Zum Erhitzen auf die Härtetemperatur von 780° C kommt nur fein gehackte, nach Größe und Qualität sortierte Holzkohle zur Verwendung, um die Tonschicht nicht zu beschädigen und um eine möglichst gleichmäßige Temperatur zu erzeugen. Die Klinge darf nicht statisch in der Glut verweilen, vielmehr wird sie mit der Schneide nach oben zeigend langsam hin und her bewegt.

Gehärtet wird in der offenen Werkstatt nur bei völliger Dunkelheit, also nachts bei Neumond, um die durch die Tonschicht leicht verfälschte Glühfarbe des Stahls besser beurteilen zu können. Nur dem jahrzehntelang geschulten Auge erschließt sich der richtige Moment, um die gleichmäßig kirschrotglühende Klinge dem Feuer zu entreißen und sofort in das daneben stehende Wasserbecken zu stoßen.

Das Abschreckwasser soll gut abgestanden sein, sodass es keinen Sauerstoff mehr enthält, der die Abschreckwirkung herabsetzen würde. Die Position der Klinge beim Eintauchen, deren Bewegung sowie die Verweildauer im Wasser haben ebenso Einfluss auf das Ergebnis wie dessen Temperatur.

Der entscheidende Moment beim Härten: Die Klinge muss über die ganze Länge eine absolut gleichmäßige, hellrote Glühfarbe (etwa 780° C) aufweisen.

Dass diese zumindest in früheren Zeiten zu den wohl gehüteten Betriebsgeheimnissen zählte, kann man einer grausigen Anekdote entnehmen: Ein Schmied bekam Besuch von einem Kollegen. Als dieser wie zufällig seinen Finger durch das Abschreck-Wasserbecken gleiten ließ, hieb der Schmied ihm im folgenden Moment mit einem Schwert den Finger ab.

Beim Härten und der damit verbundenen Martensitbildung entlang der Schneide erfährt die Klinge zusätzlich zu der bereits beim Schmieden angedeuteten Krümmung eine Durchbiegung von ein bis zwei Zentimetern. Das beruht auf dem Volumenzuwachs des Martensits von vier Prozent im Vergleich zum Austenit und Perlit im restlichen Querschnitt. Dabei bauen sich in der Klinge hohe Spannungen auf, die im Extremfall zu Haarrissen führen können. Diese Gefahr besteht vor allem dann, wenn die Härtetemperatur zu hoch liegt.

Zur Prüfung des Ergebnisses entfernt der Schmied gleich nach dem Härten die eingebrannte Tonschicht am Schleifstein. Nicht nur eventuelle Risse sind dann erkennbar, sondern auch der Verlauf der Härtelinie. Zur besseren Beurteilung kann man die Oberfläche mit verdünnter Schwefelsäure etwas anätzen.

Um die Spannungen zu vermindern, führt der *katana-kaji* nach dem Härten in der Regel eine Anlassbehandlung *(yaki-modoshi)* durch. Dazu wird die Klinge im Holzkohlenfeuer auf etwa 160° bis 180° C (Anlassfarbe ockergelb) erhitzt und dann im Wasserbad abgekühlt. Falls der Schmied mit dem Verlauf der Härtelinie nicht zufrieden ist, könnte der Härteprozess, nach vorherigem Weichglühen, wiederholt werden. Durch die damit verbundene Kohlenstoffdiffusion verändert jedoch jede weitere Glühbehandlung den kristallinen Aufbau der Klinge und damit ihre Qualität.

Richten

Schließlich kann der Schmied an der nun gehärteten Klinge bei Bedarf noch Richtarbeiten und eine Adjustage der Krümmung *(sori)* vornehmen. Bei diesem *sori-naoshi* genannten Arbeitsgang kann durch Strecken des Materials über der *shinogi*-Linie die Krümmung insgesamt verringert oder durch partielles Erhitzen am Rücken lokal korrigiert werden.

Grundschliff

Bevor der Schmied die Klinge zum Polierer *(togishi)* gibt, übernimmt er selbst den Grundschliff *(kaji-togi)*, zuerst an der Schleifscheibe und dann auf Wasser-Blocksteinen grober bis mittlerer Körnung. Dabei werden die *shinogi*-Linie, die Form der Spitze und des Rückens herausgearbeitet und betont. Gleichzeitig dient dieser Arbeitsgang der genauen Kontrolle hinsichtlich möglicher Gefügefehler, oberflächlicher Lunker oder Haarrisse. Nie würde eine Klinge, die nicht völlig makellos ist, Sadatoshis Werkstatt verlassen.

Angel

Schließlich wird die Angel mit der Feile in diagonalen Strichen bearbeitet. Das dabei erzeugte Feilmuster *(yasurime)* gehört zu den Erkennungszeichen des jeweiligen Schmieds. Zum Bohren des Zapfenlochs, etwa sieben bis acht Zentimeter hinter dem *hamachi*, kommt zum ersten und einzigen Mal während des gesamten Herstellungsprozesses eine Maschine zum Einsatz. In früheren Zeiten wurde das Loch gestanzt. Die Signatur *(mei-kiri)* bringt Gassan Sadatoshi erst ein, nachdem der Polierer seine Arbeit getan hat.

Gravur

Zu den charakteristischen Merkmalen vieler Gassan-Klingen zählen auch die oftmals sehr aufwändigen Gravuren *(horimono)*. Im Gegensatz zur gängigen Praxis bringt Sadatoshi Gassan die schmückenden, aus der japanischen Mythologie entnommenen Motive in die weniger harten Seitenflanken der Klinge selbst ein. Dazu verfügt er über mehr als 100 selbst geschmiedete Stichel oder Meißel.

Die Angel-Signatur *(mei-kiri)*: Die Angel ist mit dem kalligraphischen Markenzeichen *(kaō)*, dem vollständigen Namen (Gassan Sadatoshi Horidōsaku) und dem Entstehungsort (Yamato = alte Bezeichnung für Japan) signiert.

Kunstvolle Gravuren, hier ein Drachenmotiv, gehören zu den Charakteristika der Gassan-Klingen.

Erst der Polierer bringt die wahre Schönheit der Klinge zur Geltung.

Politur

Erst durch die Politur kommt das Innenleben einer Klinge zum Vorschein. Gassan vertraut diesen entscheidenden letzten Arbeitsschritt dem in Nara ansässigen Polierer *(togishi)* Katsuyuki Sekiyama an. Der Prozess unterteilt sich grundsätzlich in die Formgebung, bei der mit eher groben Natur- und Kunststeinen die vom Schmied vorgegebene Form ausgearbeitet wird, und die eigentliche Politur, bei der ausschließlich mit Natursteinen die Oberfläche geglättet, die Klinge geschärft und die Stahlstruktur hervorgehoben wird. Selbstverständlich folgt ein guter *togishi* den stilistischen Vorgaben des Schmieds, zugleich bemüht er sich, die jeweilige Klinge im Charakter zu vollenden. Dabei ist es zwingendes Gebot, nicht mehr als das Notwendigste an Material abzutragen.

Zuerst wird die Oberfläche auf *kaisai-* und *chu-nagura*-Natursteinen geglättet. Mit kurzen, schaukelförmigen Bewegungen quer zur Steinlängsachse werden die Bearbeitungsspuren der groben Steine herausgeschliffen. Nun folgt die Feinbearbeitung auf dem *uchigumori*-Blockstein. Dabei wird die

Klinge diagonal zum Stein gehalten und in Schneidenlängsrichtung mit wenig Druck geschoben oder gezogen, wobei die Stahlstruktur und die Härtelinie hervortreten. Die weiteren Politurschritte haben den Zweck, die Oberfläche klarer zu machen, um den Verlauf der Härtelinie, die Textur des Gefüges und der gefalteten Stahlschichten hervorzuheben. Bei diesem Prozess wird die Klinge nicht mehr über den liegenden Stein geführt, sondern mittels kleiner, auf der Daumenkuppe platzierter *hazuya-* und *jizuya-*Plättchen bearbeitet.

Zur Politur der Spitze verwendet der Meister eine dünne *uchigumori*-Platte, die auf einem federnden Lamellen-Holzblock aufliegt. Um die Kontraste zu steigern und den *hamon* hervorzuheben, wird anschließend die Oberfläche der *nugui*-Politur unterzogen. Das dazu erforderliche Poliermittel wird durch feines Zerreiben von Schmiedezunder unter Zugabe von Öl gewonnen und mittels eines Wattebauschs aufgetragen, wobei sich die *shinogi*-Fläche und der Rücken dunkel färben.

Beim abschließenden *migaki*-Prozess wird mit dem *ibota*-Baumwolltuchspender eine Mischung aus Wachs und Hornpulver als Polier- und Schmiermittel aufgetragen und dann die Oberfläche mit der Stahlnadel geschlossen und bis zum Spiegelglanz poliert. Erst wenn das Gefügebild der ihm anvertrauten Klinge ebenso klar ist wie die Linienführung, gibt sich Katsuyuki mit seiner Aufgabe zufrieden.

Gassan Sadatoshi mit einem von ihm geschmiedeten *katana* im klassischen *sōshū*-Stil.

DER STAHL

Seit über 3000 Jahren bildet das Element Eisen und seine härtbare Variante, der Stahl, eine wichtige Grundlage unserer menschlichen Existenz. Die Klingen nahezu aller Schneidwerkzeuge wurden und werden aus diesem Metall hergestellt.

Stahl ist eine sogenannte Knetlegierung, also eine durch Schmieden oder Walzen formbare Eisenlegierung, die durch ihren Gehalt von 0,2 bis 1,7 % Kohlenstoff gehärtet werden kann. Wie bei allen Metallen handelt es sich bei Stahl um einen kristallinen Werkstoff. Seine Matrix, man spricht auch von Gefüge, besteht aus Bereichen homogener Kristallite, die man auch als Körner bezeichnet.

Die Eigenschaften des Stahls werden ganz wesentlich durch seine mittlere Korngröße bestimmt. Kleine Körner ergeben ein homogenes Gefüge mit guten mechanischen Festigkeitswerten (Bruchfestigkeit, Kerbschlagzähigkeit, mögliche Schärfe und Standzeit bei Schnittstählen). Eine Kornfeinung lässt sich durch Zugabe bestimmter Legierungselemente sowie durch Normalglühen, Härten und bei bestimmten Stählen auch durch eine Tieftemperaturbehandlung erzielen.

Einen wesentlichen Einfluss auf die mechanischen Eigenschaften hat die Umformtechnik. Durch sorgfältiges Schmieden bei nicht zu hohen Temperaturen wird das Gefüge homogener, zudem kann eine sogenannte „Textur" erzeugt werden. Dabei wird das Gitter der Beanspruchung entsprechend ausgerichtet, vergleichbar den Fasern beim Holz. Man spricht deshalb auch – fachlich nicht ganz korrekt – von „Faserstruktur". Ein qualitätsbewusster Schmied wird beispielsweise einen Axtkopf so formen, dass das Gitter im Bereich des Blatts in Längsrichtung gestreckt ist, um eine hohe Biege- und Bruchfestigkeit zu erzielen. An der Schneide jedoch lässt er die „Fasern" zugunsten einer guten Schneidkantenstabilität quer verlaufen.

Durch die bei der Massenproduktion von Schneidwerkzeugen üblichen Fertigungsverfahren, wie Walzen, Stanzen oder Pressen, kann man diese beanspruchungsgerechte, sich auch im Werkstoffgefüge fortsetzende Opti-

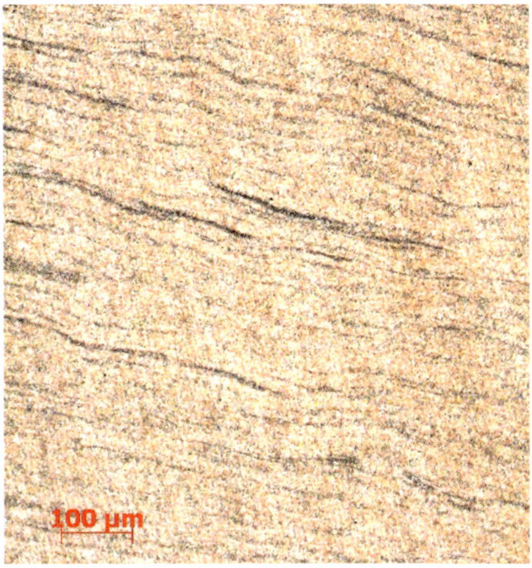

Durch Schmieden wird das Gitter beanspruchungsgerecht ausgerichtet: Schliffbild eines geschmiedeten und gehärteten, niedrig legierten Werkzeugstahls (Cr 1,3 %, Mn 0,3 %, Si 0,6 %), 100-fache Vergrößerung.

Vorbild aus der Natur: Die Faserstruktur von Zypressenholz.

mierung kaum erzielen. In dieser Hinsicht ist die einfühlsame Hand eines erfahrenen Werkzeugschmieds durch nichts zu ersetzen. Er vollzieht jene Gratwanderung zwischen maximaler Verformung und minimal zulässiger Temperatur, die zu hervorragenden Ergebnissen führt.

Eine weitere Qualitätssteigerung kann bei dünnen Klingen durch ein Kalthämmern und die dadurch bewirkte Kaltverfestigung erzielt werden. Heute wird dieser Bearbeitungsschritt aufgrund der damit verbundenen Sprödbruchgefahr nur noch von sehr erfahrenen Schmieden praktiziert.

Stahlsorten

Kohlenstoffstahl

Stahl, der nur Kohlenstoff (0,2-1,7 %) enthält und wenig legiert ist, wird als Kohlenstoffstahl bezeichnet. Dieser klassische Stahl für Schneidwerkzeuge ist nicht rostfrei. Beim Härten bildet er ein sogenanntes Martensit-Gefüge aus, das eine hohe Schärfe ermöglicht. Unter Martensit versteht man eine feinkörnige, nadelförmige Gitterformation des Stahls, die durch rasches Abschrecken beim Härten gebildet wird. Bis zu einem C-Gehalt von 0,8 %, dem sogenannten Eutektikum, werden dabei die Kohlenstoffatome vollständig in das Atomgitter eingebaut. Bei höherem Kohlenstoffstahlgehalt (übereutektischer Stahl) wird ein Teil des Kohlenstoffs zur Bildung von Karbiden (Fe_3C) herangezogen, die sich nicht im Gitter integrieren. Auf die Schnitthaltigkeit der Schneide können sie sich jedoch positiv auswirken.

Reine Kohlenstoffstähle erzielen die höchste Schärfe, sind jedoch, vor allem bei Härtegraden über 60 Rockwell C, relativ spröde. Deshalb werden sie bei japanischen Klingen oft zu einem Laminat mit einem zäheren Stahl oder reinem Eisen verbunden, wobei der Kohlenstoffstahl immer die Schneidkante bildet. Dabei ist zu beachten, dass reiner Martensit ein um 4,4 % höheres spezifisches Volumen hat als andere Stahl-Modifikationen (Perlit, Austenit). Deshalb kann es beim Härten von Laminatstählen zu hohen inneren Spannungen, im Extremfall sogar zu Rissen kommen.

Legierter Werkzeugstahl

Um die Eigenschaften des Stahls zu beeinflussen, werden bei den meisten Schnittstählen für Handwerkszeuge neben dem zum Härten notwendigen Kohlenstoff auch metallische Legierungselemente, wie Chrom, Molybdän, Kobalt, Vanadium oder Wolfram zugegeben. Viele dieser sogenannten „Stahlveredeler“ bilden mit dem Kohlenstoff Karbide – sehr harte Partikel, die in der kristallinen Matrix quasi wie Fremdkörper eingelagert sind. Wenn die Karbidteilchen fein verteilt in der Matrix fest eingebunden sind, können sie die Standzeit einer Schneide deutlich verbessern, da sie an der Schneidkante wie eine verschleißschützende Mikrozahnung wirken. Ihre Konfiguration ist abhängig von der Zusammensetzung des Stahls, der Wärmebehandlung und der Umformung.

HSS

Zu den hoch legierten Werkzeugstählen zählt auch der Schnellarbeitsstahl, meist „HSS“ (High Speed Steel) genannt. Er enthält bis zu zwei Prozent Kohlenstoff und in der Summe bis zu 30 Gewichtsprozent Legierungsanteile (Cr, W, Mo, V, Co, Ti), die durch eine spezielle Wärmebehandlung als sogenannte Sonderkarbide ausgeschieden werden. Sie machen HSS in hohem Maße verschleißresistent.

Da HSS die Härte bis zu einer Arbeitstemperatur von 600° C hält, wird er als Warmarbeitsstahl bevorzugt für Bohrer, sowie Dreh-, Press- und Umformwerkzeuge eingesetzt. Aufgrund seiner Warmfestigkeit lässt er sich durch manuelles Schmieden nur schwer verarbeiten. Von Nachteil ist auch sein relativ grobkörniges Gefüge, was die Verwendung für manuelle Schneidwerkzeuge mit hoher Schärfeanforderung einschränkt.

PM-Stahl

Die Pulvermetallurgie (PM) ist eine relativ neue Disziplin in der Legierungstechnik. Dabei wird Stahlschmelze durch Versprühen in Pulver verwandelt und anschließend mit hohem Druck heißisostatisch zu Halbzeug verpresst (gesintert). Der Vorteil liegt darin, dass man bei der Zusammensetzung freier als beim Legieren im flüssigen Zustand ist, da durch die besondere Abkühltechnik die üblichen Seigerungs- und Entmischungsprozesse nicht auftreten. Man erreicht hohe Härtegrade (bis 70 HRC) bei guter Zähigkeit und Warmfestigkeit. Die kristalline Struktur der PM-Stähle ist jedoch trotz ständiger Weiterentwicklung noch relativ grobkörnig und heterogen.

Damaszenerstahl

Der lebhaft gemusterte Damaszenerstahl, auch „Damast" genannt, erfreut sich vor allem bei Messerschmieden größter Beliebtheit. Vereinzelt wird er auch bei anderen Schneidwerkzeugen wie Scheren, Beilen oder Stecheisen eingesetzt.

Der Name leitet sich von der Stadt Damaskus ab, dem antiken Handelszentrum für Metalle aller Art. Erschmolzen wurde der begehrte Klingenstahl meist in Kleinasien, um von dort als Halbzeug zur Vermarktung in die syrische Handelsmetropole zu gelangen. Im Gegensatz zu der heute üblichen Schweißmethode sind beim historischen Damast die Muster auf Entmischungsvorgänge (sogenannte Seigerungen) beim Abkühlen des Rohstahls im Tiegel zurückzuführen. Dabei kommt es im Luppenquerschnitt zu Zonen mit unterschiedlicher Kohlenstoffkonzentration und folglich unterschiedlicher Gefügestruktur (Perlit, Austenit, Martensit).

Die Legierungselemente

Chrom (Cr): Durch Bildung von Chromkarbiden wird die Schnitthaltigkeit und Verschleißfestigkeit erhöht, sowie die Härtbarkeit verbessert. Bis 11 % Gewichtsanteil wird Chrom zur Ausbildung von Chromkarbiden „verbraucht", darüber dient es als Korrosionsschutz durch Ausbildung einer Chromoxidschicht an der Oberfläche. Härtbare Stähle ab etwa 13 % Chromanteil gelten als „rostfrei" (exakter wäre es von „rostträge" zu sprechen). Sie werden deshalb bevorzugt für Koch- und Outdoormesser, Bestecke, Scheren oder medizinische Instrumente eingesetzt. Da sich mit zunehmendem Härtegrad bei Chromstählen die Korrosionsfestigkeit und Duktilität rapide verschlechtert, kann man sie nicht sehr hoch härten.

Mangan (Mn): Vermindert den negativen Effekt von Schwefel, verbessert die Härtbarkeit (Härtetiefe), die Zugfestigkeit, die Schmied- und Schweißbarkeit.

Molybdän (Mo): Verbessert die Feinkörnigkeit und verringert die Sprödigkeit bei legierten Stählen. Starker Karbidbilder, erhöht die Verschleißfestigkeit und Zähigkeit, bei rostfreien Stählen verbessert es die Korrosionsbeständigkeit.

Vanadium (V): Starker Karbidbilder, erhöht die Anlasstemperatur und damit die Warmfestigkeit. Trägt zur Verfeinerung des Korns und Verbesserung der Schweißbarkeit bei höher legierten, härtbaren Stählen bei.

Nickel (Ni): Verbessert die Zähigkeit und Korrosionsbeständigkeit. Ab 7 % Ni zusammen mit mindestens 13 % Cr entstehen rein austenitische, säurefeste und unmagnetische Stähle. Da Nickel der Martensitbildung und Feinkörnigkeit entgegenwirkt, wird es bei Schnittstählen nicht eingesetzt.

Kobalt (Co): Dient der Kornfeinung und Erhöhung der Warmfestigkeit, bevorzugt bei HSS-Stählen. Bildet keine Karbide.

Wolfram (W): Bildet sehr harte Karbide und erhöht die Warmfestigkeit, bevorzugt bei HSS-Stählen.

Verunreinigungen: Leider kommen im Stahlgefüge auch unerwünschte Elemente vor. Als Verunreinigungen gelten vor allem Aluminium (Al), Schwefel (S) und Phosphor (P), die eine starke Affinität zu Eisen haben und deshalb nur schwer aus der Schmelze zu entfernen sind. Schon geringste Anteile führen zur Versprödung durch Ausscheidungen an den Korngrenzen. Eine hohe metallurgische Reinheit ($P + S \leq 0{,}03$ %) gilt deshalb als entscheidendes Qualitätskriterium bei Schnittstählen.

Durch wiederholtes Schmieden und Falten dieses Rohmaterials, das auch als „Wootz" bezeichnet wird, treten die verschiedenen Stahlstrukturen an die Oberfläche, wo sie sich als wellenförmige oder arabeske Muster abzeichnen. Auch an der Schneide treten weiche und harte Gefügeanteile abwechselnd auf.

Beim Schweißdamast werden dagegen Stähle verschiedener Zusammensetzung in der Esse feuerverschweißt und anschließend durch Faltungen, Torsionen oder Einkerbungen ornamentale Muster gezielt hergestellt. Bei den japanischen Mehrschichtstählen *(suminagashi)* wiederum wird als Schneidschicht immer eine harte Monostahlschicht in einem Klingengrundkörper eingebettet, der eine dem Damaszenerstahl vergleichbare Struktur aufweist.

Härten und Anlassen

Was passiert beim Härten? Um Stahl zu härten, wird er auf eine bestimmte Temperatur erhitzt (sogenannte Umwandlungstemperatur, je nach Stahltyp 750-1050° C) und dann in einem Medium (Öl, Wasser oder Luft) abgeschreckt. Dabei wird die für die erhöhte Temperatur typische Modifikation (Gitterstruktur) gleichsam „eingefroren". Es kommt zu Eigenspannungen im Gitter, die den Verformungswiderstand und damit die Härte des Stahls erhöhen. Zugleich erzeugt das Abschrecken auch ein feines Gefüge, da die einzelnen Kristalle durch die rasche Abkühlung wenig Zeit zum Wachsen haben.

Dabei ist jedoch zu beachten, dass mit zunehmender Härte die Zähigkeit des Stahls (Duktilität) abnimmt. Gleich nach dem Abschrecken ist er deshalb in der Regel zu spröde, um als Werkzeug- oder Messerklinge brauchbar zu sein. Deshalb erhitzt man das Werkstück anschließend erneut, jedoch unter exakt kontrollierten Bedingungen (160-300° C, gehalten über eine definierte Zeit). Bei diesem Prozess, man nennt ihn Anlassen, kann der gewünschte Härtewert, der in der Regel einen Kompromiss zwischen Standzeit und Zähigkeit bildet, genau eingestellt werden.

Aus dem Härteverlaufs-Diagramm unten kann man ablesen, dass die Härte eines Kohlenstoffstahls, hier im Beispiel der gebräuchliche japanische Schnittstahl *shirogami 2*, sehr stark von der Anlasstemperatur abhängt. Durch Anlassen bei 300° C wird beispielsweise die Abschreckhärte von etwa 68 HRC auf eine „Gebrauchshärte" von 60 HRC reduziert. Schon bei 400° C jedoch vermindert sich die Härte auf 51 HRC, was in der Praxis eine Minderung der Schneidenstandzeit um 90 % bedeutet. Dieses Beispiel zeigt auch, wie wichtig es ist, eine bereits gehärtete Klinge beim Schärfen nicht zu stark zu erhitzen.

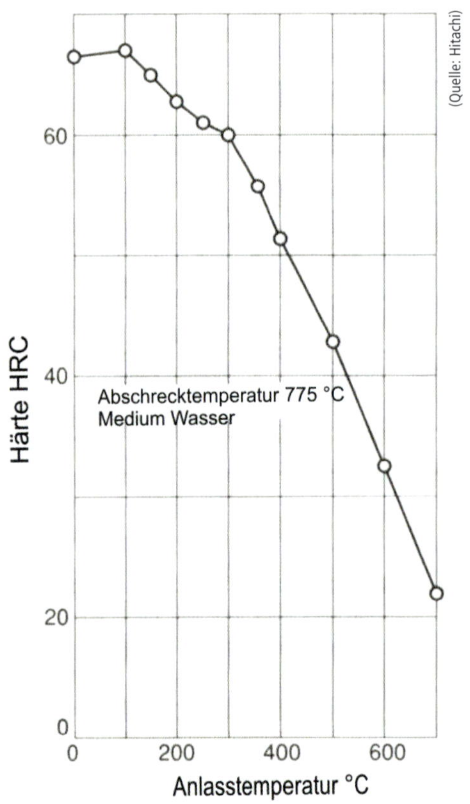

Das Diagramm zeigt die Abnahme der Härte mit zunehmender Anlasstemperatur für den japanischen Kohlenstoffstahl *shirogami 2*.

Die Härteprüfung

Die Härte wird bei Schneidwerkzeugen üblicherweise durch den Rockwell-C-Wert (HRC) angegeben, der durch die Messung der Eindruck-Tiefe eines mit 10 kp belasteten Diamantkegels ermittelt wird. Übliche Werte sind 56 bis 60 HRC für Kohlenstoff-Monostähle und niedrig legierte Werkzeugstähle, 61 bis 63 HRC für laminierte (japanische) Kohlenstoffstähle, 63 bis 65 HRC für HSS-Stähle, 66 bis über 70 HRC für PM-Stähle und Hartmetalle (gesinterte Werkstoffe).
Bei dieser Härteprüfung wird allerdings immer nur die Härte der Matrix gemessen, nicht die Härte der eingelagerten Karbide. Die Rockwell-Härteprüfung setzt eine planparallele Oberfläche sowie ausreichende Materialdicke voraus und ist deshalb im Schneidenbereich von Werkzeugen oder Messern meist nicht durchführbar. Hier kann die Härte nur durch eine relativ aufwändige Mikrohärteprüfung oder näherungsweise mit einer Härteprüffeile bestimmt werden.

Bei höher legierten Stählen (HSS) kann durch spezielle Wärmebehandlungsmaßnahmen die Ausscheidung von Sonderkarbiden und damit eine sogenannte Sekundärhärtung herbeigeführt werden.

Japanische Werkzeugstähle

Japanische Werkzeugstähle werden grundsätzlich nach dem japanischen JIS-Standard klassifiziert. Dieser ist für die Standardqualitäten vergleichbar mit der deutschen DIN oder der US-amerikanischen ANSI-Norm. Beispielsweise wird ein Kohlenstoffstahl mit 0,45 % C bezeichnet als:

- Japan (JIS): S 45C
- Deutschland (DIN): C45
- USA (ANSI): 1045

Diese Normen definieren jedoch hinsichtlich der Homogenität und der metallurgischen Reinheit nur einen Mindeststandard, der für anspruchsvolle Anwendungen im Schneidwerkzeugbereich meist nicht genügt. Es gibt daher im japanischen JIS-Standard eine gehobene Qualitätsklasse von Kohlenstoff-Werkzeugstählen, die mit SK bezeichnet wird. Darüber hinaus haben japanische Stahlproduzenten speziell für die Schneidwarenindustrie und Klingenschmiede hochwertige legierte und unlegierte Stähle entwickelt, die die Mindeststandards teilweise deutlich übertreffen und unter firmeneigenen Bezeichnungen vermarktet werden. Eine Auswahl zeigt die Tabelle auf Seite 130.

Die wichtigsten Hersteller hochwertiger, japanischer Werkzeugstähle sind Takefu Special Steel, Kobe Steel (Kobelco) sowie als Maktführer die in Yasuki ansässige Hitachi Heavy Metals Company. Nach dem Vorbild des traditionellen *tatara*-Prozesses (siehe Seite 137) produziert Hitachi heute mit industriellen Methoden hochreine Schnittstähle, die nach dem Produktionsstandort benannt sind (YSS, Yasuki Special Steels).

Wie beim historischen Verfahren kommt dabei ausschließlich Eisensand aus der Präfektur Shimane zum Einsatz, der sich durch einen hohen Erzanteil und nur minimale Verunreinigungen auszeichnet. Als klassischer Kohlenstoffstahl kommt er unter dem Markennamen *shirogami* (Weißpapier-Stahl) oder in einer niedrig-legierten Version als *aogami* (Blaupapier-Stahl) in den Handel, bezeichnet nach der Farbe des Verpackungspapiers.

An der Entwicklung dieser Stähle, ebenso wie an der Namensgebung, hat der im Kapitel Rasiermesser vorgestellte Metallurge Dr. Kōsuke Iwasaki maßgeblich mitgewirkt. Beide Qualitäten weisen einen hohen Kohlenstoffgehalt auf und härten rein martensitisch aus. Ihre hohe metallurgische Reinheit ermöglicht beste Standzeiten, selbst bei sehr dünn ausgeschliffenen

Gebräuchliche japanische Werkzeugstähle (Kaltarbeitsstähle)

Bezeichnung	C	Mn	Mo	W	Cr	V	P	S
Sk 7 (JIS)	0,60 - 0,70	0,15 - 0,50	–	–	–	–	< 0,03	< 0,035
Sk 6 (JIS)	0,70 - 0,80	0,15 - 0,50	–	–	–	–	< 0,03	< 0,035
Sk 5 (JIS)	0,80 - 0,90	0,15 - 0,50	–	–	–	–	< 0,03	< 0,035
Sk 4 (JIS)	0,90 - 1,00	0,10 - 0,50	–	–	–	–	< 0,03	< 0,035
Sk 3 (JIS)	1,00 - 1,10	0,15 - 0,50	–	–	–	–	< 0,03	< 0,035
Sk 2 (JIS)	1,15 - 1,30	0,15 - 0,50	–	–	–	–	< 0,03	< 0,035
Gelbpapier-Stahl 3 (YSS Kigami 3)	0,90	0,20 - 0,30	–	–	–	–	< 0,03	< 0,006
Gelbpapier-Stahl 2 (YSS Kigami 2)	1,05 - 1,15	0,20 - 0,30	–	–	–	–	< 0,03	< 0,006
Weißpapier-Stahl 3 (YSS Shirogami 3)	0,80 - 0,90	0,20 - 0,30	–	–	–	–	< 0,025	< 0,004
Weißpapier-Stahl 2 (YSS Shirogami 2)	1,05 - 1,15	0,20 - 0,30	–	–	–	–	< 0,025	< 0,004
Weißpapier-Stahl 1 (YSS Shirogami 1)	1,25 - 1,35	0,20 - 0,30	–	–	–	–	< 0,025	< 0,004
Blaupapier-Stahl 2 (YSS Aogami 2)	1,05 - 1,15	0,20 - 0,30	–	1,00 - 1,50	0,20 - 0,50	–	< 0,025	< 0,004
Blaupapier-Stahl 1 (YSS Aogami 1)	1,25 - 1,35	0,20 - 0,30	–	1,50 - 2,00	0,30 - 0,50	–	< 0,025	< 0,004
Blaupapier-Stahl Super (YSS Aogami Super)	1,40 - 1,50	0,20 - 0,30	–	2,00 - 2,50	0,30 - 0,50	0,30 - 0,50	< 0,025	< 0,004
Silberpapier-Stahl 3 (YSS Gin 3)	0,95 - 1,10	0,60 - 1,00	–	–	13,00 - 14,50	–	< 0,03	0,02
Silberpapier-Stahl 1 (YSS Gin 1)	0,80 - 0,90	0,45 - 0,75	0,30 -0,50	–	15,00 - 17,00	–	< 0,03	< 0,02

Angaben in Gewichts in %. Die angegebene Endhärte hängt neben der Anlasstemperatur auch von der Anlasszeit ab.
Quellen: www.hitachi-metals.co.jp, www.tokkin.com

Schneiden. Fein verteilte Eisenkarbide (Fe_3C) unterstützen zusätzlich die Schnitthaltigkeit. Beim *aogami*-Stahl wird durch die Ausscheidung von Wolframkarbiden eine weitere Verbesserung der Standzeit bewirkt.

Vergleichbare Kohlenstoffstähle werden von Takefu Steel unter den Markennamen V1, V2 oder Shiro 2 angeboten.

Sowohl Hitachi wie auch Takefu stellen höher chromlegierte, rostträge Werkzeugstähle her, die vorwiegend in der Kochmesser- und Scheren-

Bemerkungen, Wärmebehandlung
Standard-Kohlenstoffstahl für Hämmer, Äxte, einfache Messer etc. Härtetemperatur 790 - 850°C (Öl, empfohlen), 760 - 820°C (Wasser), Anlassen 200- 250 °C, Härte > 58 HRC.
Standard-Kohlenstoffstahl für Hämmer, Äxte, einfache Messer etc. Härtetemperatur 790 - 850°C (Öl, empfohlen), 760 - 820°C (Wasser), Anlassen 200- 250 °C, Härte > 59 HRC.
Standard-Kohlenstoffstahl für Hämmer, Äxte, einfache Messer etc. Härtetemperatur 790 - 850°C (Öl, empfohlen), 760 - 820°C (Wasser), Anlassen 200- 240 °C, Härte > 59 HRC.
Standard-Kohlenstoffstahl für Hämmer, Äxte, einfache Messer etc. Härtetemperatur 790 - 240°C (Öl, empfohlen), 760 - 810° (Wasser), Anlassen 190- 230 °C, Härte > 58 HRC.
Standard-Kohlenstoffstahl für Hämmer, Äxte, einfache Messer etc. Härtetemperatur 790 - 830°C (Öl, empfohlen), 760 - 810°C (Wasser), Anlassen 180- 230 °C, Härte > 60 HRC).
Standard-Kohlenstoffstahl für Hämmer, Äxte, einfache Messer etc. Härtetemperatur 790 - 830°C (Öl, empfohlen), 760 - 810°C (Wasser), Anlassen 180- 230 °C, Härte > 61 HRC.
Höherwertiger Kohlenstoffstahl für Schneidwerkzeuge . Härtetemperatur 760 - 800°C (Medium Wasser), Anlassen 180 - 220°C, Härte 58 - 60 HRC.
Höherwertiger Kohlenstoffstahl für Schneidwerkzeuge . Härtetemperatur 760 - 800°C (Medium Wasser), Anlassen 180 - 220°C Härte >60 HRC.
Kohlenstoffstahl der höchsten Reinheitsstufe, mittlere Härte , Stecheisen, Äxte, Messer, Sägen. Härtetemperatur 760 - 800°C (Medium Wasser), 780 - 820 ° (Öl), Anlassen 180 - 220 °C, Härte > 58 HRC (Wasserabschrecken) bzw. > 52 HRC (Ölabschrecken).
Kohlenstoffstahl der höchsten Reinheitsstufe, hohe Härte , Kochmesser, Stecheisen, Hobeleisen etc. (nur Laminatklingen). Härtetemperatur 780 - 830°C, Medium Wasser, Anlassen 160 - 230°C, Härte > 60 HRC.
Kohlenstoffstahl der höchsten Reinheitsstufe, höchste Härte , Kochmesser, Stecheisen, Hobeleisen, Rasiermesser, etc. (Laminatklingen). Härtetemperatur 760 - 800°C, Medium Wasser, Anlassen 180 - 200 C, Härte > 62 HRC.
Legierter Stahl mit guten Verschleiß- und Wärmebehandlungseigenschaften, hochwertige Schneidwerkzeuge, Rasiermesser. Härtetemperatur 780 - 830 °C, Medium Wasser oder Öl), Anlassen 160 - 230 °C, Härte > 59 HRC.
Legierter Stahl mit sehr guten Verschleiß- und Wärmebehandlungseigenschaften, hochwertige Schneidwerkzeuge, Rasiermesser. Härtetemperatur 780 - 830 °C, Medium Wasser oder Öl), Anlassen 160 - 230 °C, Härte > 60 HRC.
Legierter, sehr feinkörniger Stahl mit exzellenten Verschleißeigenschaften, Messer und andere hochwertige Schneidwerkzeuge. Härtetemperatur 780 - 830 °C, Medium Wasser oder Öl, Anlassen 160 - 230 °C, Härte > 60 HRC.
„Rostfreier" Stahl für Küchenmesser, Scheren, Rasiermesser etc., Härtetemperatur 1000 - 1050 °C, Medium Luft oder Öl, Anlassen 100 - 150 °C, Härte 59+ HRC. Nicht feuerschweißbar.
Hochlegierter Stahl für erhöhte Korrosionsfestigkeit, Küchenmesser, Scheren etc., Härtetemperatur 1040 - 1090 °C, Medium Luft oder Öl, Anlassen 100 - 150 °C, Härte 57+ HRC. Nicht feuerschweißbar.

Signifikante Unterschiede in der Korngröße werden bei diesem Querschnitt durch eine 2-Lagen-Klinge deutlich (100-fache Vergrößerung). Links Hitachi *shirogami 2*, gehärtet auf 62 HRC, rechts unlegiertes Eisen.

Voraussetzung für eine geschlossene und möglichst standfeste Schneidkante: In 1000-facher Vergrößerung erkennt man die feine, nadelige Martensitstruktur beim *shirogami 2*.

Vorteilhaft: Fein verteilte Wolframkarbide einheitlicher Größe in einer martensitischen Matrix bei dem niedriglegierten Werkzeugstahl Hitachi *aogami 2*, gehärtet und angelassen, Vergrößerung 1000-fach.

Schliff durch eine Messerspitze, japanischer PM-Stahl SG 2 (C 1,25 - 1,45 %, Cr 14,0 - 16,0 %, Mo 2,3 - 3,3 %, V 1,8 - 2,2 %, Mn 0,4 %): Das relativ grobkörnige, heterogene Gefüge führte an der Spitze zu einem interkristallinen Ausbruch (800-fache Vergrößerung).

produktion Verwendung finden. Beispiele sind der in der Tabelle aufgeführte Silberpapier-Stahl (Gin 3 beziehungsweise Gin 1) oder der von Takefu angebotene VG-10 (C 1,0 %, Cr 15 %, Mo 1 %, V 0,2 % Co 1,5 %). Noch höhere Legierungsanteile lassen sich durch pulvermetallurgische Verfahren erreichen. PM-Stähle haben allerdings hinsichtlich der Feinkörnigkeit noch Entwicklungspotenzial.

Aufgrund ihres hohen Chromgehalts scheiden rostfreie Werkzeugstähle und PM-Stähle bei höheren Temperaturen Chromkarbide aus, die ein Feuerschweißen unter Normalbedingungen ausschließen. Aus diesem Grund werden die hochchromhaltigen Stähle vorwiegend als laminierte Bleche angeboten, die unter Schutzgas oder im Diffusionsverfahren hergestellt werden (siehe nächste Doppelseite).

Walzschweißen (industrielle Laminattechnik)

Aus Gründen der Rationalisierung wurden bereits in der zweiten Hälfte des 20. Jahrhunderts industrielle Methoden entwickelt, um zwei- und mehrlagige Halbzeuge als Ausgangsprodukte für Schneidwerkzeuge herzustellen. Neben Pressverfahren hat sich vor allem das Warmwalzen für die Verschweißung von Blechen und Brammen verschiedener Dimensionen bewährt. Ziel ist dabei, ebenso wie beim handwerklichen Feuerschweißen, die Verbindung eines zähen und bruchfesten Werkstoffs für den Klingen-Grundkörper mit einem harten, standfesten Stahl für die Schneide.

Eine dieser Anlagen wird bereits seit über zwei Jahrzehnten in der Provinz Niigata von der Firma Yamamura betrieben. Das Walzwerk arbeitet im Reversierbetrieb, bei dem nach jedem Durchlauf (Stich) sich die Drehrichtung der Walzen umkehrt und dann das Walzgut nach entsprechender Zustellung der Walzen (Stichabnahme) erneut durch das Gerüst läuft.

Bei dem Besuch des Autors im Juni 2015 wurden zweilagige Laminatbleche, bestehend aus unlegiertem Eisen (C 0,05 %) und dem Kohlenstoff-Stahl Sk 5 (C 0,8 %), hergestellt. Im Ausgangszustand waren die Bleche etwa 0,6 Meter lang und 12 mm (Eisen) bzw. 6 mm (Stahl) stark. Zur Vorbereitung werden sie auf den Kontaktflächen geschliffen, bevor sie paarweise aufeinandergelegt und umlaufend an den Schmalseiten elektrisch verschweißt werden. Damit die eingeschlossene Luft entweichen kann, ist die Schweißnaht an den Stirnseiten nicht ganz geschlossen.

Nun werden die Bleche im Durchlauf-Induktionsofen auf die vorgegebene Schweißtemperatur, in diesem Fall 1150° C, erhitzt und dem Walzgerüst zugeführt. Der erste Stich dient nur der Verschweißung der beiden Bleche und weist deshalb nur eine geringe Abnahme auf. Unmittelbar nach dem Austritt aus dem Walzspalt wird das Blech durch Besprühen mit Wasser auf etwa 950° C abgekühlt. Anschließend wird in einem oder mehreren Reversierstichen die erforderliche Warmwalz-Enddicke, in diesem Fall 10 mm, hergestellt. Vor der Weiterverarbeitung durch Kaltwalzen, Stanzen, Gesenkschmieden oder Pressen muss das Material durch eine Normalisierungs-Glühung homogenisiert und durch Sandstrahlen oder eine chemische Beizbehandlung entzundert werden.

Durch Walzlaminieren wird heute ein Großteil der Halbzeuge für mehrlagige Messer-Rohlinge des unteren und mittleren Preissegments hergestellt. Auch Halbzeug für Scherenblätter, Hobeleisen oder, wie im vorliegenden Fall, für Stecheisen-Klingen lässt sich auf diese Weise schnell und relativ kostengünstig produzieren. Aufgrund der exakten Temperaturführung und des schnellen Verfahrens ist nur mit einer geringen Randentkohlung zu rechnen, da dem Kohlenstoff nur wenig Zeit zum Diffundieren zur Verfügung steht.

Walzgeschweißte Klingen sind deshalb, vor allem wenn sie durch anschließendes Schmieden noch beanspruchungsgerecht geformt werden, nicht notwendigerweise von geringerer Qualität als traditionell gefertigte.

Das Walzlaminieren ist zu unterscheiden vom Diffusionsschweißen. Bei Letzterem können unter hohem Druck und erhöhter, aber deutlich unter der Schmelztemperatur liegender Temperatur Metalle verbunden werden, die ansonsten schwer oder gar nicht verschweißbar sind. Nach dem Diffusionsverfahren stellt beispielsweise die in der gleichnamigen Stadt beheimatete Takefu Steel Co. rostbeständige 2- bis 69-lagige Rohlinge aus hochlegierten, teils rostfreien Stahlblechen her. Auch Kombinationen aus Nichteisenmetallen wie Titan, Kupfer oder Aluminium mit Stahl sind möglich.

Die Pakete werden nach dem Diffusionschweißen meist durch Walzen auf Enddicke gebracht. Sie dienen professionellen Messermachern und Hobbyschmieden als Ausgangsmaterial zur Herstellung von damaszierten Messerklingen im *suminagashi*-Stil. Durch Diffusionsschweißen hergestellte Halbzeuge sind auch unter der Bezeichnung „Cladmetal" oder „Mokume" im Handel. Der letztere Werkstoff, meist bestehend aus verschiedenfarbigen Edelmetallen, findet vor allem im Schmucksektor Verwendung.

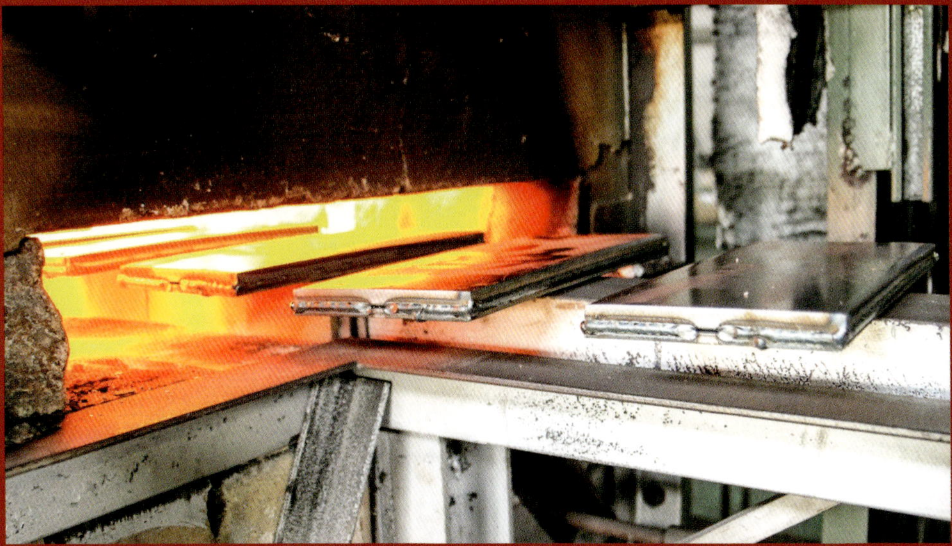

Die schmalseitig verschweißten Bleche werden im Durchlaufofen auf 1150° C erhitzt.

Im Reversierwalzwerk werden die Bleche im ersten Stich verschweißt und im folgenden Reversierstich um etwa 50 % gestreckt.

Aus dem zweilagigen Stahlblech werden in der Gesenkpresse in nur einem Arbeitsschritt Stemmeisen-Rohlinge geformt.

Die ausgestanzten *nomi*-Rohlinge liegen bereit zum Schleifen und Härten.

Der *tatara*-Prozess (Stahlverhüttung)

Beim Schmieden verhält es sich ähnlich wie beim Kochen: Das Endprodukt kann immer nur so gut sein wie die Zutaten. So beruhten die hervorragenden Eigenschaften der Samuraischwerter nicht nur auf dem virtuosen Können der Schmiede, sondern auch auf der erlesenen Qualität des Ausgangsmaterials, des sogenannten *tamahagane*. Dieser Stahl von schwammartiger Struktur wird in Japan seit dem frühen 7. Jahrhundert n. Chr. durch den sogenannten *tatara*-Prozess gewonnen, einem Verhüttungsvorgang, der mit dem europäischen Rennofenverfahren vergleichbar ist.

Von Letzterem unterscheidet er sich nicht nur in der rechteckigen (statt runden) Form des Ofens, sondern auch in der besonderen Sorgfalt bei der Auswahl der Zutaten und bei der Prozesssteuerung. So wird als Feuerungsmaterial nur Holzkohle gleicher Größe und Sortierung, gewonnen von langsam gewachsenen Bergpinien, verwendet. Entscheidend für die Qualität ist jedoch das eingesetzte Eisenerz.

Der *masa satetsu* (Eisensand) zeichnet sich durch eine hohe Eisenkonzentration und einen äußerst geringen Anteil an Verunreinigungen (P ≤ 0,03 %, S ≤ 0,002 %) aus.

Man verwendet bevorzugt Eisensand von hoher chemischer Reinheit, geschürft in Hochlagen des Chugoku-Gebirges. Dieser sogenannte *masa satetsu* wird durch eine magnetische Sortierung bis auf einen Eisenanteil von 60 % konzentriert, um möglichst wenig Schlacke zu produzieren. Nicht nur die hohe Eisenkonzentration zeichnet diesen Rohstoff aus, sondern ebenso der außerordentlich geringe Anteil an Verunreinigungen wie Phosphor und Schwefel. Auch im industriellen Maßstab ist *masa satetsu* bis heute das bevorzugte Ausgangsmaterial zur Herstellung hochwertiger Schnittstähle, zum Beispiel für den von Hitachi erzeugten „Weißpapier-Stahl" (*shirogami*).

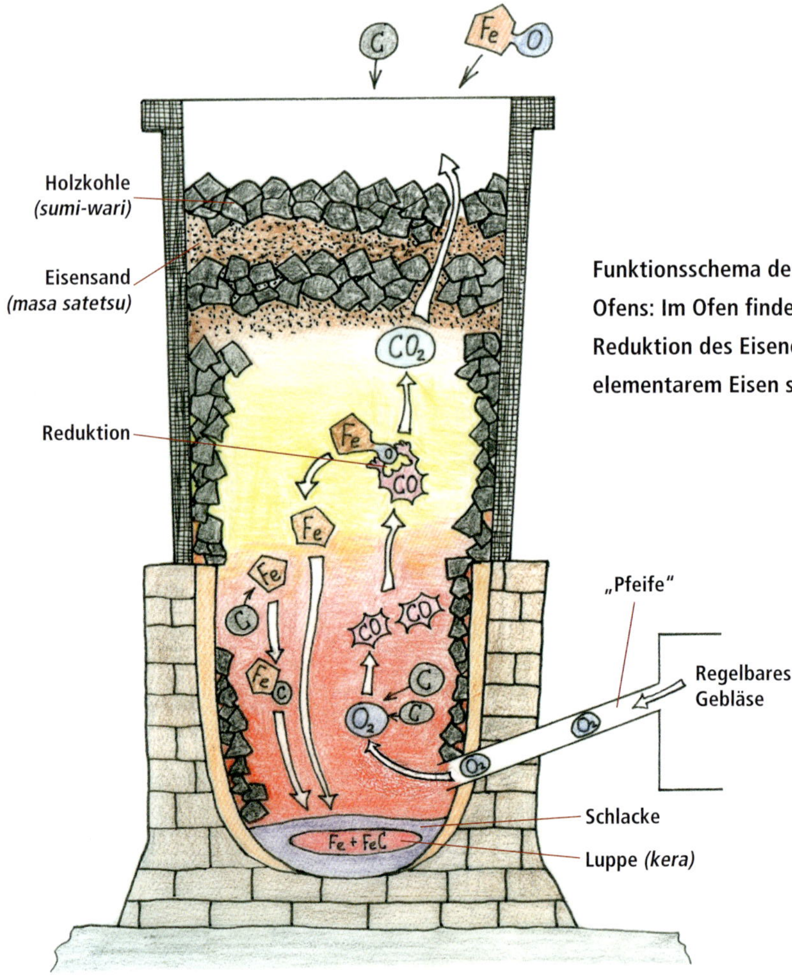

Funktionsschema des *tatara*-Ofens: Im Ofen findet eine Reduktion des Eisenoxids zu elementarem Eisen statt.

Das Verfahrensprinzip

Obwohl Eisen mit einem Gewichtsanteil von sechs Prozent das vierthäufigste Element der Erdkruste ist, kommt es in der Natur nur sehr selten in gediegener (elementarer) Form vor, wie beispielsweise in Eisenmeteoriten oder speziellen Basalten. Zur Gewinnung von Eisen und Stahl setzt man Eisenerze ein, die einen möglichst hohen Anteil an Eisenoxiden, bevorzugt Magnetit (Fe_2O_4), enthalten.

Die Eisenverhüttung ist aus diesem Grund kein reiner Schmelzvorgang, sondern ein bei hoher Temperatur (1200° bis 1500° C) unter kontrollierten Bedingungen ablaufender Reduktionsprozess. Dabei wird der Sauerstoff vom Eisenmolekül getrennt (siehe Skizze links), sodass elementares Eisen zurückbleibt. Damit im Ofen eine reduzierende Atmosphäre herrscht, muss beim Brand das Erz vom freien Zutritt des Luftsauerstoffs abgeschirmt werden. Diese von unseren bronzezeitlichen Vorfahren lange nicht verstandenen Zusammenhänge waren der Grund, warum in der Menschheitsgeschichte das Eisen als Werkstoff erst wesentlich später Bedeutung erlangte als beispielsweise Kupfer oder Bronze.

Doch wie kommt man vom Eisen zum Stahl? Bei den vorhandenen hohen Temperaturen hat der Kohlenstoff des Brennmaterials (hier Holzkohle) eine hohe Affinität zum Eisen, mit dem er sich zu einem sogenannten Mischkristall verbindet. Diese Eisen-Kohlenstoff-Verbindung bezeichnen wir als Stahl, wenn der Kohlenstoffgehalt zwischen 0,2 und 1,7 % liegt. Dieser Werkstoff ist das, was beim *tatara*-Prozess angestrebt wird.

Liegt der Kohlenstoffgehalt höher, so wird der Kohlenstoff als Graphit an den Korngrenzen ausgeschieden. Dieser als Gusseisen oder Roheisen (Englisch „pig iron“) bezeichnete Werkstoff ist sehr spröde und nicht schmiedbar. Er müsste für die Weiterverarbeitung zu Stahl nochmals umgeschmolzen oder „gefrischt“ werden. Um in nur einem Verfahrensschritt Stahl in der gewünschten Zusammensetzung zu erhalten, ist eine genaue Abstimmung der Menge des eingesetzten Erzes sowie des Brennmaterials erforderlich. Weiterhin darf nicht zu viel und nicht zu wenig Luft (Sauerstoff) durch die Düsen, auch „Pfeifen“ genannt, zugeführt werden. Bei Luftüberschuss findet keine Reduktion statt, bei Sauerstoffmangel werden die erforderlichen Reaktionstemperaturen nicht erreicht.

Aus dieser vereinfachten Schilderung des komplexen Sachverhalts wird klar, dass das Gelingen des mit relativ primitiven Mitteln durchgeführten *tatara*-Verfahrens nicht nur von der Güte der Zutaten, sondern entscheidend von der Prozesssteuerung abhängt.

Der Prozessablauf

Das traditionelle *tatara*-Verfahren wird heute nur noch in zwei historischen Hütten praktiziert. In der Nähe der Stadt Yokota in der Präfektur Shimane steht die Nittoo-ho-Tatara-Hütte mit einem etwa viereinhalb Meter langen Ofen, in dem dreimal jährlich in einem drei Tage dauernden Brand zweieinhalb bis drei Tonnen schwere Luppen *(kera)* erzeugt werden. Betreiber ist die japanische Schwertgesellschaft (NBTHK, Nihon Bijutsu Token Hozon Kyokai), die den gewonnenen *tamahagane* ausschließlich an die 300 lizensierten Schwertschmiede abgibt.

Historische *tatara*-Hütte bei Yoshida.

Für einen erfolgreichen und unfallfreien Verlauf wird vor Beginn des *tatara*-Prozesses den Shinto-Göttern geopfert.

Vor der Beschickung mit Eisensand muss der Ofen mehrere Stunden vorgeheizt werden. Im Hintergrund rechts ist das Brennmaterial (Holzkohle) gestapelt.

Der Ofen wird über 24 Stunden hinweg in den von der *murage* vorgegebenen Taktzeiten und Mengen mit Holzkohle und Eisensand beschickt.

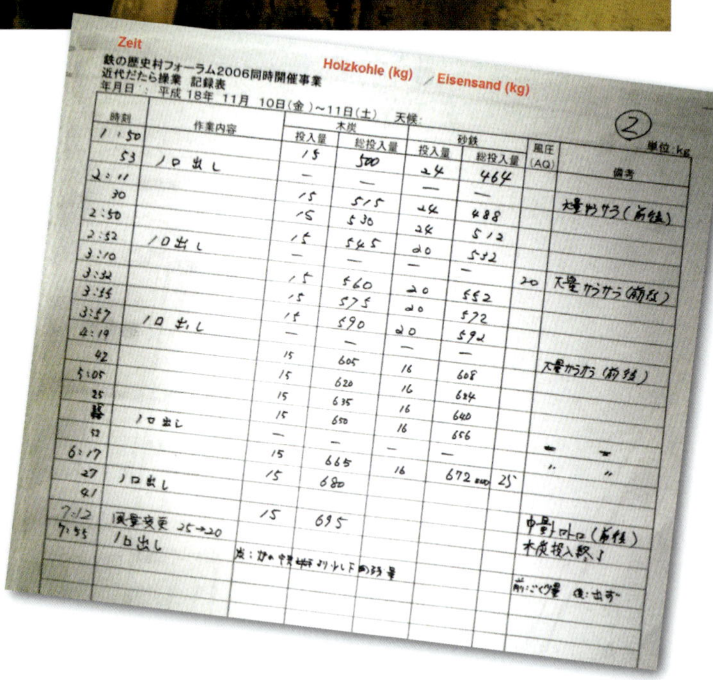

Im Protokoll (Ausschnitt) werden die Beschickungsmengen und Zeiten exakt festgehalten.

Nicht weit davon entfernt, in der Kleinstadt Yoshida, wird jährlich im November ein kleinerer, 24 Stunden andauernder *tatara*-Brand durchgeführt, mit einer Ausbeute von etwa 150 bis 200 Kilogramm. Der Autor durfte diesem Ritual, das von der örtlichen „Gesellschaft zur Erhaltung der historischen Hüttentechnik" (Tetsu no Rekishimura) durchgeführt wird, im November 2006 beiwohnen.

Der japanischen Naturreligion, dem Shintoismus, ist es geschuldet, vor Beginn der Verhüttung der in den Chugoku-Bergen hausenden Schutzgöttin Kanayogo-kami zu gedenken. So versammeln sich die 18 Helfer um den mit Opfergaben gedeckten Tisch, während die *murage* genannte Projektleiterin Rie Yoshida um einen glücklichen Verlauf bittet. Anschließend schwört sie die drei sich abwechselnden Schichtteams auf die bevorstehenden Aufgaben ein.

Nun kann das Holzkohlenfeuer gestartet und nach einer mehrstündigen Vorheizzeit mit der Beschickung mit Eisensand begonnen werden. Über die folgenden 24 Stunden hinweg wird in Intervallen von etwa 15 bis 30 Minuten der Ofen kontinuierlich in Chargen von gleichbleibend 15 Kilogramm Holzkohle und variierend 15 bis 25 Kilo Eisensand bedient. Dazu sind jeweils sechs Helfer in drei Schichten eingeteilt.

In periodischen Abständen von etwa zwei Stunden wird durch eine bodennahe Öffnung Schlacke abgelassen. Deren Viskosität und Zusammensetzung sind wichtige Beurteilungskriterien für die Prozesssteuerung. Anhand dieser und weiterer empirischer Erfahrungswerte wie Glühfarbe, Flammbild oder Rauchentwicklung legt die *murage* die Beschickungszeiten und die jeweiligen Mengenverhältnisse von Eisensand und Holzkohle fest. Tendenziell sind die Beschickungsintervalle anfänglich länger und werden zur Prozessmitte hin kürzer. Das Mengenverhältnis von Eisensand zu Holzkohle reduziert sich von anfänglich etwa 1,5 zu 1 im Prozessverlauf auf etwa 1 zu 1.

Die *murage* bestimmt auch die Luftregelung über das Gebläse und die acht Pfeifen, sodass im Inneren des Ofens eine Prozesstemperatur von 1200° bis 1500° C, also unterhalb des Schmelzpunkts von reinem Eisen (1539° C), eingehalten wird. Dazu darf nicht mit Luftüberschuss gearbeitet werden. Vielmehr muss im Ofeninneren eine reduzierende Atmosphäre vorliegen,

Gegen Ende des Prozesses lässt man durch eine bodennahe Öffnung die Restschlacke abfließen.

Mit Hilfe des Hallenkrans wird nach eintägiger Brenndauer der Ofen demontiert.

bei der das Kohlenmonoxid, das im unteren Ofenbereich gebildet wird, im oberen Sektor den Sauerstoff vom Eisensand (Eisendioxid) „stiehlt". Das so entstehende, elementare Eisen sinkt durch sein höheres spezifisches Gewicht zum Ofengrund ab, wobei es wiederum Kohlenstoff im Gefüge einlagert. Der finale Kohlenstoffgehalt darf 1,7 % nicht überschreiten, um den gewünschten *tamahagane*-Stahl zu erhalten.

Nachdem der Ofen mit insgesamt etwa 1,5 Tonnen Eisensand und einer Tonne Holzkohle „gefüttert" wurde, endet nach einem Tag und einer Nacht das archaische Schauspiel. Zuerst lässt man die im Sumpf gesammelte, hauptsächlich aus Silizium- und Kalziumoxid bestehende Restschlacke abfließen. Nachdem das Feuer erloschen ist, kann nun der Ofen demontiert werden. Während die historischen, aus Lehm aufgemauerten Öfen komplett abgebrochen werden mussten, kann die hier zum Einsatz kommende „modernere" Variante zerlegt und damit teilweise wiederverwendet werden.

Die mit Schamotte verkleideten Stahlringe werden mit einem Hallenkran abgehoben, bis der stählerne Mutterkuchen, die *kera*, zum Vorschein kommt. Nach einer längeren Abkühlphase – keineswegs darf man mit Wasser nachhelfen, weil das die darunter liegende Isolation zerstören würde – wird die Luppe ins Freie gezogen und, sobald es die Temperaturen erlauben, einer ersten Inspektion unterzogen. Mit einer Ausbeute von 180 Kilogramm hat die *tatara*-Göttin dieses Mal die schweißtreibende Arbeit belohnt. Helfer und *murage* bedanken sich bei ihr in einer kurzen Zeremonie für den unfallfreien Verlauf.

Der Block ist nicht nur seinem Aussehen nach amorph, auch seine metallurgische Zusammensetzung variiert stark über den Querschnitt. Nur maximal die Hälfte besteht aus *tamahagane* mit einem Kohlenstoffgehalt von 0,2 bis 1,7 %, davon nur ein Drittel in der optimalen Qualität von 1,0 bis 1,2 % C. Zur Blockmitte hin nimmt der Kohlenstoffgehalt in der Regel ab, bei Werten unter 0,5 % C spricht man von *hōchō-tetsu* („Messereisen"). Auch dieses zähe Material wird für das Schwertschmieden benötigt, zum Beispiel für den Klingenkern *(shigane)*, wenn auch nur in relativ geringer Menge.

Für die Sortierung wird der erkaltete Block mit einem Fallhammer in einzelne, etwa faustgroße Brocken zerbrochen. Anhand des Bruchbilds, der

Die *murage* (links) bedankt sich in einer kurzen Zeremonie bei dem Team und der *tatara*-Göttin für das Gelingen der Schmelze.

Die gewonnene *tamahagane*-Luppe hat ein Gewicht von etwa 180 Kilogramm.

Farbe und der Kristallstruktur werden die Stücke von Fachleuten qualitativ vorsortiert, um dann an die Schwertschmiede verteilt zu werden. Auch sie nehmen in der Regel durch besondere Glühprozesse oder Vermengungen nochmals auf den Kohlenstoffgehalt Einfluss, um so ihren individuellen Stahl zu komponieren. Aus diesem *oroshigane* genannten Ausgangsmaterial formt der *katana-kaji* schließlich in zahllosen Faltungen und Schweißungen das *katana*, die Königin der Klingen.

Die porösen *tamahagane*-Bruchstücke müssen durch Schmieden verdichtet werden.

Sie erhalten eine zweihundertjährige Tradition am Leben: Die Kupferschmiede in der denkmalgeschützten, mit Tatami-Matten ausgelegten Gyokusendo-Werkstatt.

DIE KUPFERSCHMIEDE

Wer die denkmalgeschützten Räume der Kupferschmiede Gyokusendo betritt, wird bereits im Foyer von einer beeindruckenden Klangkulisse in den Bann geschlagen. Ein wahres Perkussion-Konzert tönt dem Besucher aus der historischen Großraumwerkstatt entgegen, wo ein knappes Dutzend Kupferschmiede auf vielarmigen Ambossen ihre Hämmer tanzen lassen. Dass dabei, trotz unterschiedlichster Arbeitsprozesse, ein insgesamt rhythmisches, geradezu melodiöses Klangbild entsteht, gehört zu den unvergesslichen Eindrücken dieses Werkstattbesuchs.

Gyokusendo ist die älteste Kupferschmiede Japans. Tsubame, heute eine mittelgroße Industriestadt in der Präfektur Niigata, entwickelte sich durch die nahe gelegenen Kupfer- und Silberminen schon seit Beginn der Edo-

Zeit zu einem Zentrum der Metallverarbeitung. Hier gründete im Jahre 1816 Kakubei Tamagawa die Gyokusendo-Kupferschmiede, die anfangs Geräte des täglichen Bedarfs wie Pfannen, Schüsseln oder Eimer produzierte. Im Laufe der Generationen entwickelte sich ihre Produktpalette hin zu feineren Objekten wie Teekannen, Teedosen, Schalen oder Vasen, oft verziert mit eingestochenen Ornamenten. Die grundsätzliche Herstellungsmethode blieb jedoch während dieser zwei Jahrhunderte dieselbe.

Tsuiki-doki, „geschlagenes Kupfer“, nennt man in Japan die traditionelle Technik zur Herstellung von Gefäßen mit dem Treibhammer. Aus einem ein bis zwei Millimeter starken Kupferblech wird zuerst mit einem Holzklüpfel in einem hölzernen Gesenk eine bauchige Ronde geformt. Diese wird dann auf Stockambossen, *toriguchi* („Vogelschnabel“) genannt, von denen bei Gyokusendo ein Arsenal von über 300 verschiedenen Formen zur Verfügung steht, weiter bearbeitet. Je nach Arbeitsgang werden ein oder gleich mehrere *toriguchi* in einem schweren Holzstock *(agari ban)* fixiert, der zugleich dem Schmied als Sitz dient. Das geeignete Holz für den Sitzstock ist die zähe Japanische Ulme *(erumu)*, die durch ihre hohe Dichte die Vibrationen gut dämpft.

Mit dem Dengelhammer, davon stehen etwa 200 Varianten zur Auswahl, schlägt er rhythmisch immer auf den gleichen Punkt des Ambosses, während er das Gefäß darauf langsam dreht. Die Kunst besteht darin, die Schläge exakt nebeneinander zu setzen, sodass keine zwei Schläge auf die gleiche Stelle des Werkstücks treffen. Durch das Hämmern wird das Blech nicht nur dünner, sondern auch härter und spröder. Damit es nicht bricht oder Risse bekommt, muss es immer wieder in der Holzkohlenesse weichgeglüht werden. Holzkohle ist dafür das ideale Brennmaterial, da es im Gegensatz zu Koks oder Gas keinen Schwefel enthält, der das Kupfer brüchig machen würde.

Je weiter fortgeschritten der Fertigungsprozess ist, umso leichter müssen die Schläge sein und umso häufiger muss zwischengeglüht werden. So können Meister ihres Fachs aus einem Stück Blech in zweiwöchiger Arbeit beispielsweise eine komplette Teekanne einschließlich Schnabel entstehen lassen, unter Zuhilfenahme von einigen Dutzend Ambossen und Hämmern, unterbrochen durch etwa 30 Glühprozesse. Die dezenten, auf dem Endprodukt verbleibenden Hammermarken verleihen der Oberfläche eine lebhafte Anmutung. Sie macht jedes Objekt nicht nur zu einem ästhetischen, sondern auch zu einem haptischen Erlebnis.

Schließlich wird die Oberfläche sorgsam gereinigt, entfettet und gebeizt und in chemischen Bädern mit geheim gehaltenen Substanzen patiniert oder farblich gestaltet. Teekannen oder Trinkbecher erhalten zusätzlich innen eine Verzinnung, damit der Geschmack des Getränks nicht beeinträchtigt wird. Für Blumenvasen jedoch ist Kupfer die ideale Oberfläche, da es das Wasser konserviert und die Haltbarkeit der Blumen verlängert. Eine Politur mit Carnaubawachs schützt die Oberfläche und verleiht ihr seidigen Glanz. Doch erst der tägliche Gebrauch und die damit verbundene Patina bringt die wahre Schönheit dieser Objekte voll zur Geltung.

Der japanische Staat hat das *tsuiki-doki*-Handwerk und die Gyokusendo-Werkstatt selbst zum „unantastbaren immateriellen Kulturgut" *(mukei bunkaszai)* erklärt. Ein Mitglied der Familie, Norio Tamagawa, wurde in Anerkennung seiner Leistungen im Jahre 2010 sogar zum „Lebenden Nationalschatz" *(ningen kokuhō)* ernannt.

Ein flaches Stück Kupferblech (unten links) verwandelt sich in zweiwöchiger Bearbeitung mit Treibhämmern in eine Kanne (oben links).

Ein schwerer Ulmenstock nimmt die Ambosse auf und dient zugleich als Sitz.

Das Formen solch komplexer Objekte aus nur einer Ronde ist die Königsdisziplin des Kupferschmiedens. Die Hammerschläge, nicht zu hart und nicht zu sanft, müssen exakt nebeneinander gesetzt werden.

Diese Teekanne im sogenannten Mosaik-Finish wurde komplett aus nur einem Stück Kupferblech getrieben. Die fein strukturierte Oberfläche schmeichelt dem Auge und dem Tastsinn.

Da das Kupfer beim Hämmern härter und brüchiger wird, müssen die Werkstücke immer wieder zwischengeglüht werden, um sie weiter bearbeiten zu können.

Mit dem Grabstichel werden traditionelle Ziermuster oder mythologische Motive eingestochen. Die Libelle *(tombo)* steht für Mut und Fruchtbarkeit.

Zur Formgebung steht ein Arsenal von über 300 verschiedenen Stockambossen und 200 Hammertypen zur Auswahl.

Die Hammermarken, zusammen mit der dezenten, zweifarbigen Patinierung, machen jedes Stück zum Unikat.

Index, japanische Begriffe

Quellenverzeichnis

Nomi Daizen (jap.), („Alles über Nomi"), ISBN 978-4-416-81303-4, Seibudo Shinkosha Publishing, 2013.

Hocho to Toishi Daizen (jap.), „Alles über Küchenmesser und Schleifsteine"), ISBN 978-4-416-71406-5, Seibudo Shinkosha Publishing, 2014.

Håvard Bergland: Die Kunst des Schmiedens, Wieland Verlag, 2008.

Rudolf Dick: Japanmesser schärfen, Wieland Verlag, 2. Auflage, 2015.

Setsuo Takaiwa, Yoshindo Yoshihara, Leon und Hiroko Kapp: Japanische Schwertschmiedekunst, Motorbuch Verlag.

Kerstin Guggermeier: Die Perfektion der Klinge, LIT Verlag, 2012.

Roman Landes: Messerklingen und Stahl, Wieland Verlag, 2002.

Kosuke Iwasaki: Hamono no Mikata (jap.) „Wie man eine Klinge beurteilt".

Håvard Bergland

DIE KUNST DES SCHMIEDENS

Das große Lehrbuch der traditionellen Technik

344 Seiten, Format 215 x 260 mm, Hardcover

ISBN 978-3-9808709-4-8

EUR 49,80

Das große Standardwerk des norwegischen Schmiede-„Papstes" Håvard Bergland ist ein umfassendes Buch, das seinesgleichen sucht. Auf 344 Seiten wird die gesamte Vielfalt des Schmiedehandwerks in voller Breite dargestellt – von Messerklingen über Möbelschlösser bis zu Wagenrädern. In über 1500 Fotos, Grafiken und Zeichnungen werden Werkzeuge, Einrichtungen, Techniken und Werkstücke gezeigt. Håvard Bergland lässt den Leser an seiner jahrzehntelangen Erfahrung teilhaben und gibt unzählige Tipps zum Arbeitsplatz, zu den Materialien, zur Handhabung der Werkzeuge und zur Gestaltung.

Oliver Lang-Geffroy

DAS GROSSE BUCH VOM MESSER

216 Seiten, Format 200 x 260 mm, Hardcover

ISBN 978-3-938711-84-2

EUR 29,90

Das Messer ist das wichtigste Werkzeug der Menschheitsgeschichte und ein Kulturgut, das auch aus unserer modernen Welt nicht wegzudenken ist. Wer sich mit Messern beschäftigt, stößt auf einen spannenden Mikrokosmos. Es gibt unzählige Messertypen, Stahlsorten und Konstruktionsweisen. Doch worin unterscheiden sich all die Messer? Wie bezeichnet man die Bauteile korrekt? Was für Eigenschaften muss ein leistungsfähiger Messerstahl besitzen? Welche Klingenform und welcher Schliff passt zu welcher Aufgabe? Wie funktionieren die unterschiedlichen Arretierungen für Klappmesser? Und wie schärft man Messer richtig? Zu diesen und weiteren Fragen finden Sie in diesem umfangreichen Buch fundierte Antworten.

WIELAND

Direktbestellung unter www.wieland-verlag.com